高等职业教育“十四五”精品规划教材

可编程控制器及应用

——S7-1200 PLC 应用技术项目教程

主　编　段海雁　蒋国辉　赵运婷
副主编　孙　静　刘　婧　江春惠

天津大学出版社
TIANJIN UNIVERSITY PRESS

图书在版编目（C I P）数据

可编程控制器及应用 : S7-1200 PLC应用技术项目教程 / 段海雁, 蒋国辉, 赵运婷主编 ; 孙静, 刘婧, 江春惠副主编. -- 天津 : 天津大学出版社, 2024.1
高等职业教育“十四五”精品规划教材
ISBN 978-7-5618-7662-6

Ⅰ. ①可… Ⅱ. ①段… ②蒋… ③赵… ④孙… ⑤刘… ⑥江… Ⅲ. ①可编程序控制器－高等职业教育－教材
Ⅳ. ①TP332.3

中国国家版本馆CIP数据核字(2024)第040394号

出版发行　天津大学出版社
地　　址　天津市卫津路92号天津大学内（邮编：300072）
电　　话　发行部：022-27403647
网　　址　www.tjupress.com.cn
印　　刷　廊坊市瑞德印刷有限公司
经　　销　全国各地新华书店
开　　本　889mm×1194mm
印　　张　9.75
字　　数　315千
版　　次　2024年1月第1版
印　　次　2024年1月第1次
定　　价　48.00元

前　言

随着工业 4.0 的推进和智能制造的发展，生产线上的设备变得越来越智能化。可编程控制器可以帮助企业实现生产线上的全面自动化控制，提高生产效率和产品质量，同时通过采集大量数据，帮助企业了解设备运行状况，从而进行更加精确的调度和计划。可编程控制器从单一的逻辑控制逐步发展到网络联网控制，这对智能制造行业从业人员提出了更高的要求。西门子系列 PLC 在我国市场所占份额较高，其中 S7-1200 PLC 在中小型 PLC 中应用十分广泛，给使用者带来了便捷。

本书围绕西门子 S7-1200 PLC 展开介绍，以可编程控制器基础、电动机启停控制、交通信号灯控制、天塔之光和音乐喷泉控制、生产线控制、自动售货机控制、多种液体混合控制、PLC 网络数据通信等通用项目为载体，详细介绍了 PLC 基本结构及工作原理、TIA 博途软件使用、基本编程指令、顺序功能图和结构化程序设计的编程方法以及 PLC 网络通信等内容。每个项目设有多个任务，每个任务以“任务描述→知识准备→任务实施”的结构安排内容，最后设有任务拓展，以达到培养学生自主探究精神和创新意识的目的。

本书的内容符合学生认知特点，逻辑严谨，梯度明晰，严格对接企业岗位、职业教育课程、职业技能比赛以及职业技能标准的要求，充分体现“岗课赛证”融通；并反映人才培养模式改革方向，将知识、能力和正确价值观的培养有机结合，有效激发学生的学习兴趣和创新潜能。

本书的形式更加新颖活泼，理论内容更加注重精炼简洁，与此同时加入了大量实操项目，可以让学生的实践操作能力得到充分锻炼，以适应实际工作岗位的需求。

本书在“学银在线”“超星学习通”上提供配套的在线课程，学生在学习课程的同时，还可以通过在线课程所提供的配套资源，系统完成项目内容。在线课程将持续更新，并不断优化教学内容，以达到培养学生终身学习的目的。

本书由天津城市建设管理职业技术学院和特变电工京津冀智能科技有限公司共同编写。段海雁、蒋国辉、赵运婷担任主编，孙静、刘婧、江春惠担任副主编。其中，项目一由赵运婷编写，项目二由段海雁编写，项目三由蒋国辉编写，项目四由段海雁、孙静编写，项目五由段海雁、刘婧编写，项目六由段海雁、江春惠编写，项目七由段海雁、蒋国辉编写，项目八由段海雁、赵运婷编写。全书由段海雁负责筹划并统稿。

由于编者水平有限，书中难免存在疏漏和不妥之处，恳请广大读者批评指正。

编者

2023 年 7 月

Contents 目录

项目四　天塔之光和音乐喷泉控制

项目五　生产线控制

项目六　自动售货机控制

项目七　多种液体混合控制

项目八　PLC 网络数据通信

数字资源列表

页码	名称	二维码	页码	名称	二维码
2	PLC 基础知识		36	定时器指令	
5	认识 S7-1200 PLC		39	功能、功能块和数据块	
7	TIA 博途软件开发平台、TIA 博途软件简介		48	星三角降压启动	
			51	移位指令	
16	基本数据类型		53	天塔之光（实训）	
18	位逻辑指令		68	顺序功能图	
19	电动机启保停控制		73	自动洗衣机（实训）	
20	程序编写和仿真调试		94	加法指令	
25	置位和复位指令		108	模拟量配置及程序处理	
26	电动机正反转控制（实训）		122	HMI 和 PLC 仿真实训	
30	编程语言及系统存储器		124	西门子 S7 通信（仿真）	

项目一

可编程控制器基础

项目导入

TIA 博途是西门子公司开发的高度集成的工程组态软件，掌握这一软件的使用方法，对于西门子PLC控制系统的设计来说十分重要。通过了解PLC的定义，熟悉PLC的基本结构及工作原理，逐渐使学生掌握TIA博途软件的使用，为后面的学习打下基础；在实际操练过程中，还要不断培养学生的安全意识，以及精益求精的学习态度和不断创新思考的能力。

知识目标

- （1）了解PLC的定义。
- （2）熟悉PLC的基本结构及工作原理。
- （3）掌握S7-1200 PLC的硬件结构。

能力目标

- （1）能通过一个简单的案例了解TIA博途软件的使用。
- （2）学会S7-1200 PLC的硬件结构。

素质目标

- （1）培养严谨认真的工作态度，遵守操作规程，强化安全意识。
- （2）树立和强化资源节约意识。
- （3）培养团结合作的精神和实事求是的素养。

任务一 认识可编程控制器

一、PLC 的定义

1987 年 2 月，国际电工委员会（International Electrotechnical Commission，IEC）对可编程逻辑控制器（Programmable Logic Controller，PLC，简称“可编程控制器”）的定义：“可编程控制器是一种数字运算操作的电子系统，是专为在工业环境中应用而设计的。”它采用了一类可编程的存储器，用于存储程序，以及执行逻辑运算、顺序控制、定时、计数和算术运算等面向用户的指令，并通过数字式或模拟式输入/输出，控制各种类型的机械或生产过程。

可编程控制器及其有关外部设备都按易于与工业控制系统连成一个整体、易于扩充功能的原则而设计。

二、PLC 的基本结构及其工作原理

1.PLC 的基本结构

工业自动控制中使用的可编程控制器的种类有很多，不同类型的产品各有特点，但可编程控制器在组成、工作原理及编程方法等方面是基本相同的。

PLC 是以微处理器为基础，综合了计算机技术、自动控制技术和通信技术而发展起来的一种新型、通用的自动控制装置，其硬件组成与微型计算机相似。PLC 控制系统示意图如图 1-1 所示。

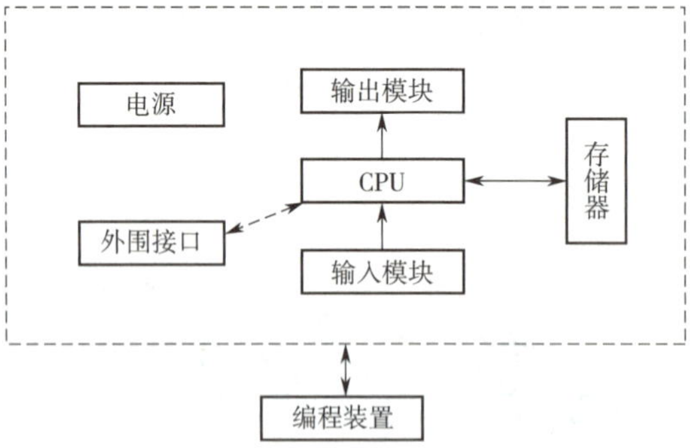

图 1-1 PLC 控制系统示意图

1）CPU

CPU 是整个 PLC 控制系统的核心部件，主要由运算器、控制器、寄存器及实现它们之间联系的地址总线、数据总线和控制总线构成，此外还有外围芯片、总线接口及有关电路。

作为 PLC 控制系统的核心，CPU 主要具有以下几个功能：

（1）接收从编程器或计算机输入的程序和数据，并送入用户程序存储器中存储；

（2）监视电源、PLC 内部各个单元电路的工作状态；

(3)诊断编程过程中的语法错误,对用户程序进行编译;

(4)在 PLC 进入运行状态后,从用户程序存储器中逐条读取指令,并分析、执行该指令;

(5)采集由现场输入装置送来的数据,并存入指定的寄存器中;

(6)按程序进行处理,根据运算结果更新有关标志位的状态和输出状态或数据寄存器的内容;

(7)根据输出状态或数据寄存器的有关内容,将结果送到输出接口;

(8)响应中断和各种外围设备(如编程器、打印机等)的任务处理请求。

2)存储器

PLC 的内部存储器可分为系统程序存储器、用户程序及数据存储器。其中,系统程序存储器用于存放系统工作程序(或监控程序),调用管理程序以及各种系统参数等。系统程序相当于 PC(个人计算机)的操作系统,能够完成 PLC 设计者规定的各种工作。系统程序由 PLC 生产厂家设计并固化在 ROM(只读存储器)中,用户不能直接读取。用户程序及数据存储器主要存放用户编辑的应用程序及各种暂存数据和中间结果,以使 PLC 完成用户要求的特定功能。

3)输入/输出模块

输入模块和输出模块简称 I/O 模块,是联系外部设备与 CPU 的桥梁。

Ⅰ. 输入模块

输入模块一般由输入接口、光耦合器、PLC 内部电路输入接口和驱动电源等四部分组成。输入模块可以用来接收和采集两种类型的输入信号;一种是由按钮、选择开关、数字拨码开关、限位开关、接近开关、光电开关、压力继电器或速度继电器等提供的开关量(或数字量)输入信号;另一种是由电位器、热电偶、测速发电机或各种变送器等提供的连续变化的模拟信号。

各种 PLC 输入模块的结构大都相同,其输入方式有两种:一种是直流输入(DC 12 V 或 DC 24 V),其外部输入器件可以是无源触点,如按钮、行程开关等,也可以是有源器件,如各类传感器、接近开关、光电开关等,在 PLC 内部电源容量允许的前提下,有源输入器件可以采用 PLC 输出电源,否则必须外接电源;另一种是交流输入(AC 100~120 V 或 AC 200 ~240 V),当输入信号为模拟量时,其必须经过专用的模拟器输入模块进行 A/D 转换,然后通过输入模块进入 PLC,输入信号通过输入端子经 *RC* 滤波、光隔离进入内部电路。

Ⅱ. 输出模块

数字量输出模块用来控制接触器、电磁阀、电磁铁、指示灯、数字显示装置和报警装置等设备。为适应不同负载的需要,各类 PLC 的数字量输出都有三种方式,即继电器输出、晶体管输出、晶闸管输出。其中,继电器输出方式最常用,适用于交、直流负载,其特点是带负载能力强,但动作频率低、响应速度慢;晶体管输出适用于直流负载,其特点是动作频率高、响应速度快,但带负载能力弱;晶闸管输出适用于交流负载,其特点是响应速度快,带负载能力不强。

模拟量输出模块用来控制调节阀、变频器等执行装置。

输入/输出模块除传递信号外,还具有电平转换与隔离的作用。此外,输入/输出点的通断状态由发光二极管显示,外部接线一般接在模块面板的接线端子上,或使用可拆卸的插座型端子板,不需要断开端子板上的外部连线,就可以迅速地更换模块。

4)编程装置

编程装置采用安装有 TIA 博途软件的计算机,并且计算机与 PLC 连接了通信电缆,这种方式可以在线观察梯形图中触点和线圈的通断情况及运行时 PLC 内部的各种参数,便于进行程序调试和故障查找。程序编译后下载到 PLC,也可将 PLC 中的程序上传到计算机。程序可以存盘或打印,还可以通过网络实现远程编程和传送。

5)电源

PLC 使用 220 V 交流电源或 24 V 直流电源,其内部的开关电源为各种模块提供 5 V、± 12 V、24 V 等直流电源。小型 PLC 一般都可以为输入电路和外部的电子传感器（如接近开关等）提供 24 V 直流电源，驱动 PLC 负载的直流电源一般由用户提供。

6）外围接口

通过各种外围接口，PLC 可以与编程器、计算机、PLC、变频器、E^2PROM 写入器和打印机等连接，总线扩展接口用来扩展 I/O 模块和智能模块等。

2.PLC 工作原理

PLC 采用的循环执行用户程序的方式，称为循环扫描工作方式。当 PLC 投入运行后，其工作过程一般分为三个阶段，即输入采样、用户程序执行和输出刷新，如图 1-2 所示。完成上述三个阶段称作一个扫描周期。在整个运行期间，PLC 的 CPU 以一定的扫描速度重复执行上述三个阶段。

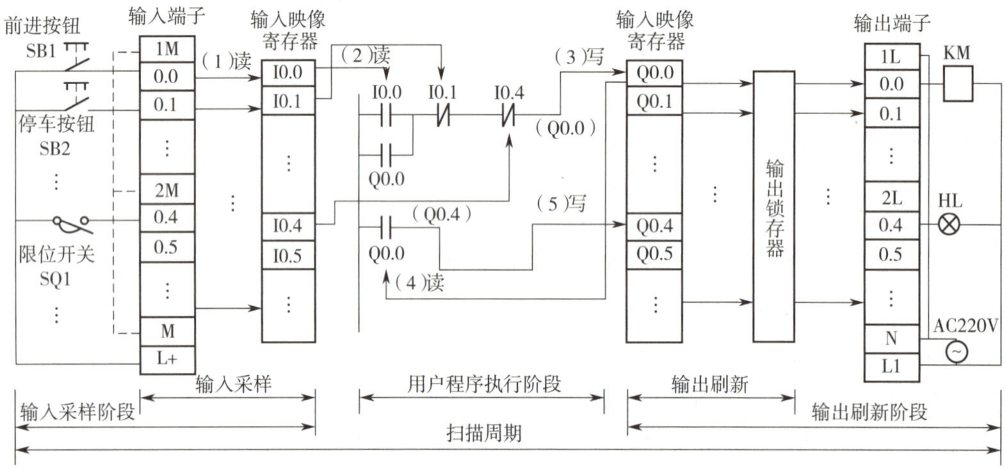

图 1-2 PLC 扫描过程示意图

1）输入采样阶段

在输入采样阶段，PLC 以扫描方式依次地读入所有输入状态和数据，并将它们存入 I/O 映像区中的相应单元内。输入采样结束后，转入用户程序执行和输出刷新阶段。在这两个阶段中，即使输入状态和数据发生变化，I/O 映像区中的相应单元的状态和数据也不会改变。因此，如果输入是脉冲信号，则该脉冲信号的宽度必须大于一个扫描周期，才能保证在任何情况下该输入均能被读入。

2）用户程序执行阶段

在用户程序执行阶段，PLC 总是按由上而下的顺序依次地扫描用户程序（梯形图）。在扫描每一条梯形图时，总是先扫描梯形图左边的由各触点构成的控制线路，并按先左后右、先上后下的顺序对由触点构成的控制线路进行逻辑运算，然后根据逻辑运算的结果，刷新该逻辑线圈在系统 RAM 存储区中对应位的状态；或者刷新该输出线圈在 I/O 映像区中对应位的状态；或者确定是否要执行该梯形图所规定的特殊功能指令。

在用户程序执行过程中，只有输入点在 I/O 映像区内的状态和数据不会发生变化，而其他输出点和软设备在 I/O 映像区或系统 RAM 存储区内的状态和数据都有可能发生变化，而且排在上面的梯形图，其程序执行结果会对排在其下面的凡是用到这些线圈或数据的梯形图起作用；相反，排在下面的梯形图，其被刷新的逻辑线圈的状态或数据只能到下一个扫描周期才能对排在其上面的程序起作用。

3）输出刷新阶段

当用户程序执行结束后，PLC 就进入输出刷新阶段。在此期间，CPU 按照 I/O 映像区内对应的状态和数据刷新所有的输出锁存电路，再经输出电路驱动相应的外围设备，这时才是 PLC 的真正输出。

对于同样的若干条梯形图，其排列次序不同，执行的结果也不同。另外，扫描用户程序的运行结果与继电器控制装置的硬逻辑并行的运行结果有所区别。当然，如果扫描周期所占用的时间对整个运行来说可以忽略，那么两者之间就没有什么区别了。

一般来说，PLC 的扫描周期包括自诊断、通信等，即一个扫描周期等于自诊断、通信、输入采样、用户程序执行、输出刷新等所有时间的总和。

三、S7-1200 PLC 的硬件结构和编程软件

S7-1200 PLC 主要由 CPU 模块（简称“CPU”）、信号板、信号模块、通信模块等硬件结构（图 1-3）和编程软件组成，各种模块安装在标准 DIN 导轨上。S7-1200 PLC 的硬件组成具有高度的灵活性，用户可以根据自身需求确定 PLC 的结构，系统扩展十分方便。

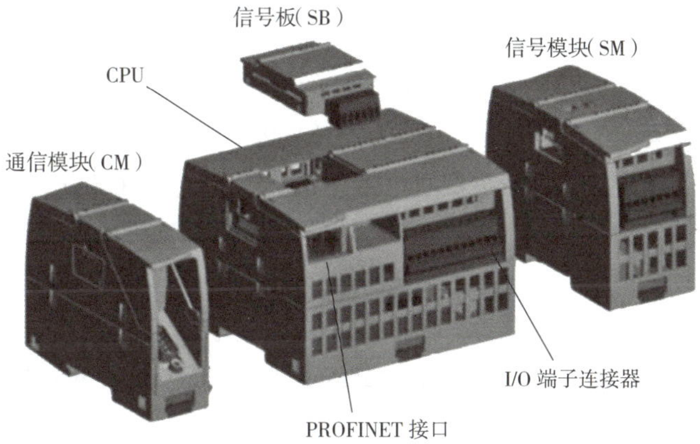

图 1-3　S7-1200 PLC 的硬件组成

1. 硬件结构

1）CPU 模块

S7-1200 PLC 的 CPU 模块将微处理器、电源、数字量、输入/输出电路、模拟量输入/输出电路、PROFINET 以太网接口、高速运动控制功能组合到一个设计紧凑的外壳中，每块 CPU 内可以安装一块信号板，安装以后不会改变 CPU 的外形和体积。

微处理器相当于人的大脑，它不断地采集输入信号，执行用户程序，刷新系统的输出。存储器用来存储程序和数据。

S7-1200 PLC 集成的 PROFINET 接口用于与编程计算机、HMI（人机界面）、其他 PLC 或其他设备的通信。此外，它还通过开放的以太网协议支持与第三方设备的通信。

通过信号板（SB）可以给 CPU 增加 I/O，信号板连接在 CPU 的前端，一个 CPU 具有 4 个数字量 I/O（2 个 DC 输入和 2 个 DC 输出）的信号板和 1 个模拟量输出的信号板，如图 1-4 所示。

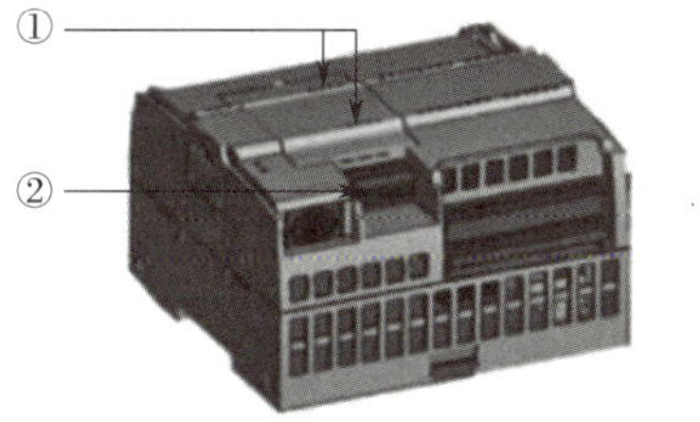

图 1-4　信号板（SB）示意图

①信号板上的状态 LED；②可拆卸用户接线连接器

2）信号模块

输入（Input）模块和输出（Output）模块简称“I/O 模块”，数字量（又称开关量）输入模块和数字量输出模块分别简称“DI 模块”和“DQ 模块”，模拟量输入模块和模拟量输出模块分别简称“AI 模块”和“AQ 模块”，它们统称为信号模块（SM），如图 1-5 所示。

信号模块安装在 CPU 模块的右边，扩展能力最强的 CPU 可以扩展 8 个信号模块，以增加数字量和模拟输入/输出点。

信号模块是联系外部现场设备和 CPU 的桥梁。输入模块用来接收和采集输入信号，数字量输入模块用来接收从按钮、选择开关、数字拨号开关、限位开关、接近开关、光电开关、压力继电器等传送来的数字量输入信号；模拟量输入模块用来接收电位器、测速发电机和各种变送器提供的变化的模拟量的电流、电压信号，或者直接接收热电阻、热电偶提供的温度信号。

数字量输出模块用来控制接触器、电磁阀、电磁铁指示灯、数字显示装置和报警装置等输出设备，模拟量输出模块用来控制电动机调节阀、变频器等执行器。

CPU 模块内部的工作电压一般是 DC 5 V，而 PLC 的外部输入/输出信号电压一般较高，如 DC 24 V 或 AC 220 V。从外部引入的尖峰电压和干扰噪声可能损坏 CPU 中的元器件，或者使 PLC 不能正常工作。在信号模块中，采用光耦合器、光敏晶闸管、小型继电器等器件来隔离 PLC 的内部电路和外部的输入/输出电路。信号模块除传递信号外，还具有电平转换与隔离的作用。

3）通信模块

通信模块（CM）安装在 CPU 模块的左边，最多可以扩展 3 块通信模块，可以使用点对点通信模块、PROFIBUS 模块、工业远程通信模块、AS-i 接口模块和 IO-Link 模块，如图 1-6 所示。

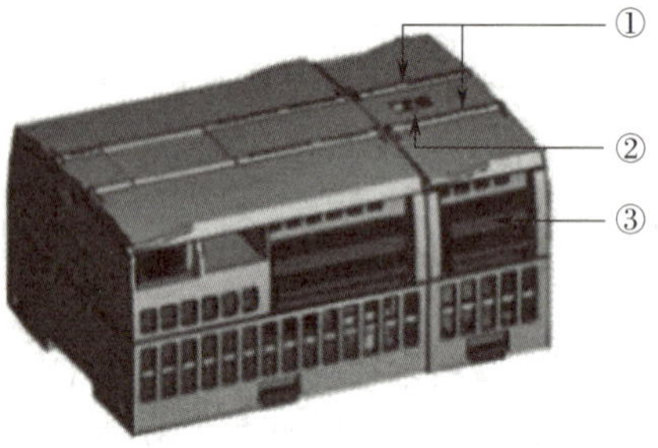

图 1-5　信号模块（SM）

①信号模块的 I/O 状态 LED；②总线连接器；③可拆卸用户接线连接器

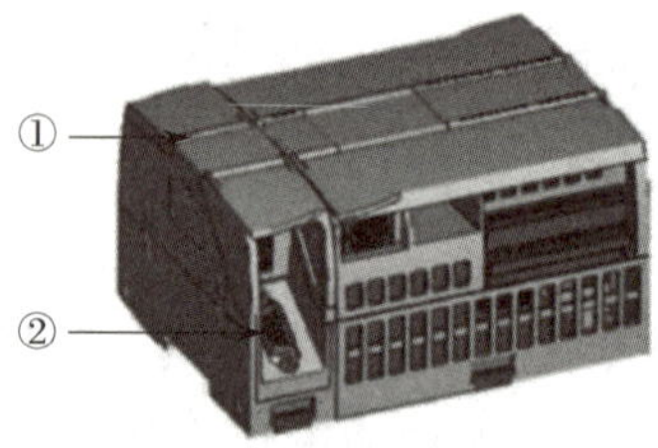

图 1-6　通信模块（CM）

①通信模块的状态 LED；②通信连接器

4）SIMATIC HMI 精简系列面板

与 S7-1200 PLC 配套的第二代精简面板的 65 500 色高分辨率宽屏显示器的尺寸有 4.3 in、7 in、9 in 和 12 in（1 in= 2.54 cm）等四种，支持垂直安装，采用 TIA 博途软件中的 WinCC 组态。其有一个 RS-422/RS-485 接口或一个 RJ45 以太网接口，还有一个 USB 接口可连接键盘、鼠标或条形码扫描仪，可用 U 盘实现数据记录。

2. 编程软件

TIA 是 Totally Integrated Automation（全集成自动化）的简称，TIA 博途（Portal）软件是西门子公司开发的全新工程设计软件平台。S7-1200 PLC 采用 TIA 博途软件中的 STEP7 Basic（基本版）或 STEP7 Professional（专业版）编程。

任务二　博途软件使用

从工作任务入手，通过对 TIA Portal V16 软件的使用和电动机的启动、保护、停止控制任务的设计，让学生从直观到抽象逐渐理解 PLC 的概念以及 PLC 的工作原理，并熟悉博途软件的使用。

一、目的与要求

TIA 博途软件是西门子公司开发的高度集成的工程组态软件，掌握其使用方法，对于西门子 PLC 控制系统的设计十分重要。

本任务要求设计电动机的启动、保护和停止电路。

二、操作步骤

1. 启动 TIA Portal V16 软件

直接双击桌面上 TIA Portal V16 软件安装后的图标，即可启动该软件，打开如图 1-7 所示窗口。

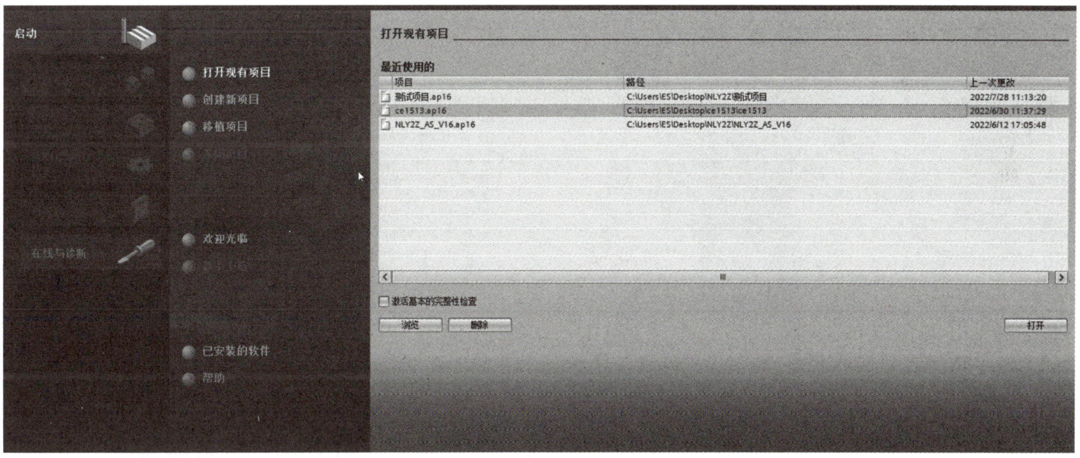

图 1-7　TIA Portal V16 软件启动窗口

TIA 博途软件内部集成了 WinCC Flexible Basic，提供了通用的工程组态框架，可以用来对 S7-1200 PLC 和精简系列面板进行高效组态。通过一个小的控制任务让学生学会该软件的使用是踏入 S7-1200 PLC 控制系统学习的第一步。

2. 创建新项目

在图 1-7 所示的工作窗口中，单击“创建新项目”，出现新项目创建窗口，在其中填写项目名称“电动机启保停电路设计”，路径和作者不做修改，最后单击“创建”，出现如图 1-8 所示窗口，至此一个新的项目创建完毕。

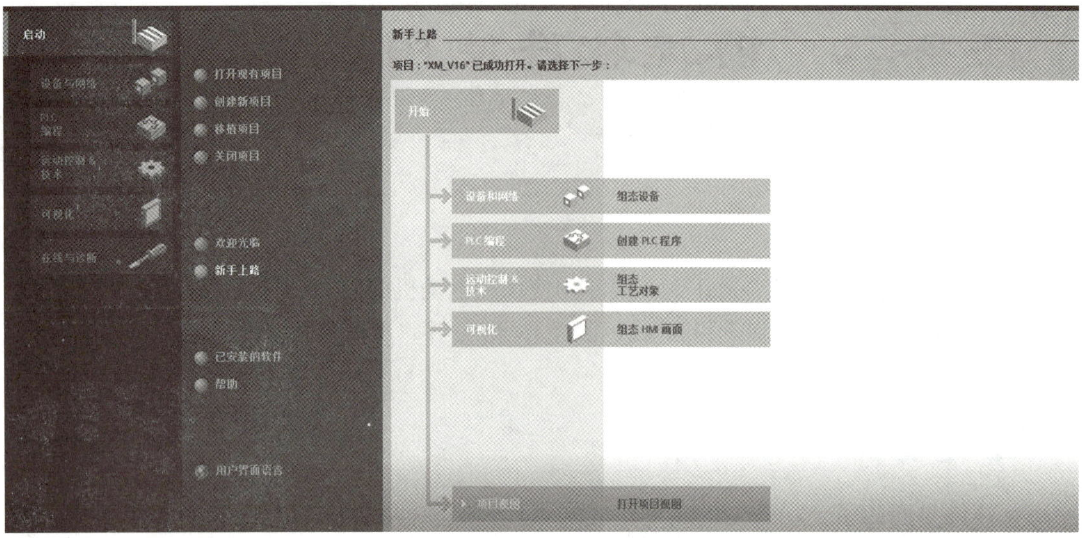

图 1-8　组态硬件设备及网络窗口

3. 组态硬件设备及网络

（1）单击“设备与网络”选项中的“组态设备”，再单击“添加新设备”，出现添加新设备窗口，然后依次单击“控制器”→“SIMATIC S7-1200”→“CPU”→“CPU 1214 DC/DC/DC”→“6ES7 214-1AG40-0XB0”（图 1-9），最后单击“添加”，至此一个 CPU 设备选择完毕。

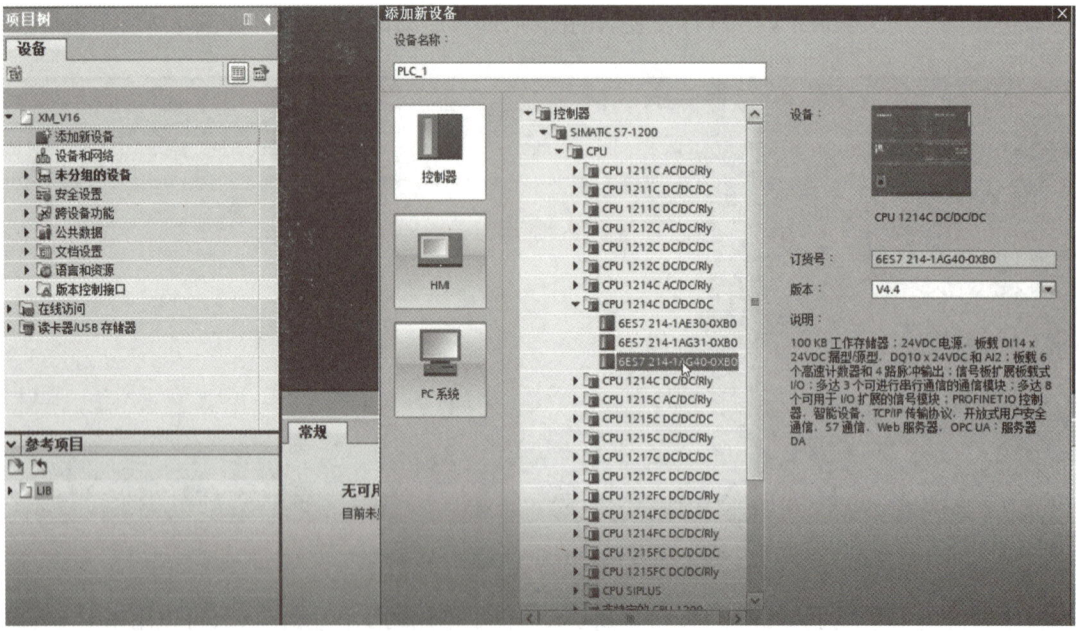

图 1-9　添加新设备界面

（2）进行网络组态，即 S7-1200 PLC 与 HMI 联网的组态。单击“HMI”，添加 HMI 设备，如图 1-10 所示；HMI 设备添加完成后，选择“组态网络”，则进入项目视图的网络视图界面，如图 1-11 所示。

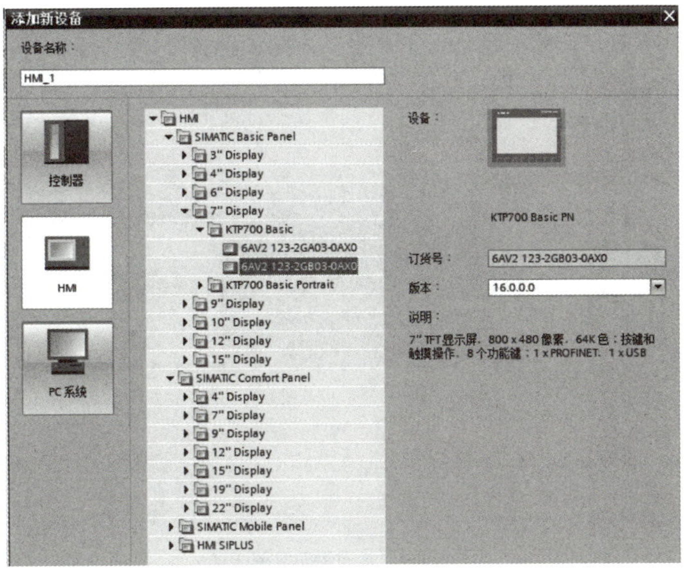

图 1-10 添加 HMI 设备界面

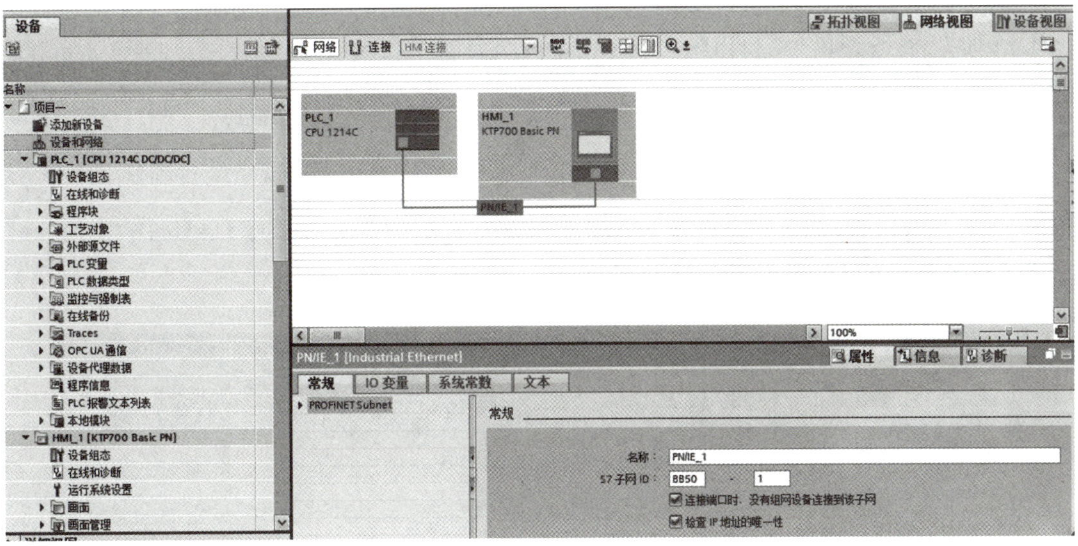

图 1-11 网络视图界面

（3）单击“网络视图”中呈现绿色的 CPU 1214C 的 PROFINET 网络接口，按住鼠标左键拖动至右边呈现绿色的 KTP700 Basic PN 的 PROFINET 网络接口上，这样两者的 PROFINET 网络构成连接，可以通过网络属性对话框修改网络名称。

（4）各模块的组态，在项目视图中单击左侧项目树下的“PLC_1[CPU 1214C DC/DC/DC]”项，双击“设备配置”项，打开“设备视图”，如图 1-12 所示；再依次从右侧“硬件目录”中选择“AI/AQ”→“AI 4×13BIT/AQ 2×14 BIT”下对应订货号的设备，并拖动至 CPU 右侧的第 2 槽；采用同样的方法，分别拖动通信模块 CM1241（RS485）和 CM1241（RS232）到 CPU 左侧的第 101 槽和第 102 槽。至此，S7-1200 PLC 的硬件设备就组态完成了。

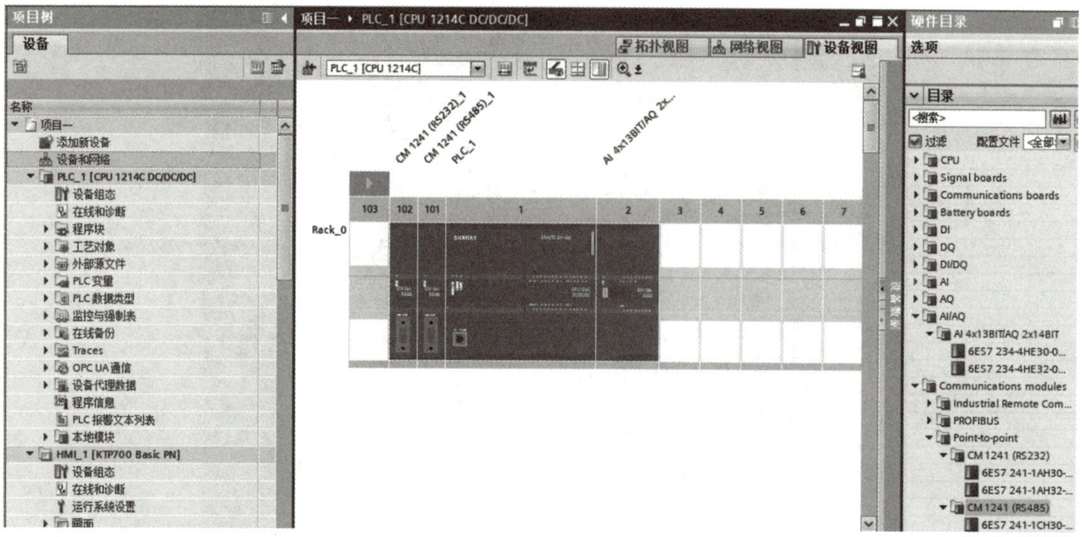

图 1-12 设备视图

4. PLC 编程

如图 1-13 所示，依次单击“项目树”→“PLC_1[CPU 1214C DC/DC/DC]”“程序块”→“Main [OB1]”，打开程序块编辑界面；拖动编辑区工具栏上的一个常开触点“ -| |- ”、一个常闭触点“ -|/|- ”和一个输出线圈“ -( )- ”到程序段 1，输入/输出地址分别为 I0.0、I0.1 和 Q0.0，则在地址下出现系统自动分配的符号名称，可以进行修改，此处不修改；拖动常开触点到 I0.0 所在触点的下方，单击编辑区工具栏关闭分支“ ”或者直接向上拖动鼠标得到完整的梯形图，输入地址为 Q0.0。

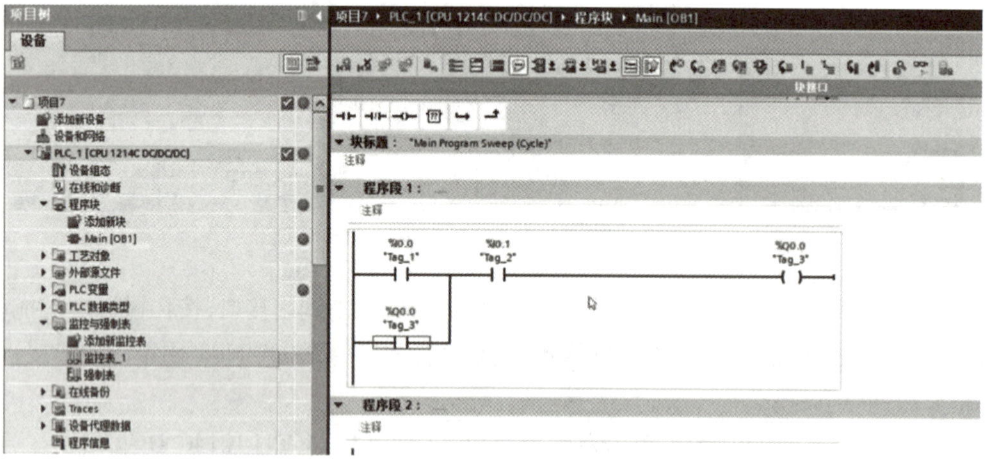

图 1-13 编写程序界面

上面的常开、常闭触点以及线圈等也可以从右侧项目树中的“基本指令”→“位逻辑运算”项中选择，更多的指令可以根据需要从指令树中选择。

5. 组态可视化

此处仅是为了演示项目在面板画面上组态一个 I/O 域，当按下按钮 I0.0 和 Q0.0 亮时，面板上的 I/O 域显示“1”，否则显示“0”。在项目视图的“项目树”中双击 HMI 设备下的“HMI 变量”，可打开 HMI 变量组态界面；双击“名称”栏下的“添加新对象”，修改将要添加的 HMI 变量名称为“指示灯”，在属性对话框的

“常规-设置”项下单击“PLC 变量”编辑框右侧的“...”按钮，选择“PLC 变量”下的地址 Q0.0，则属性对话框中“常规-连接”项中出现系统自动建立的新连接“HMI_连接_1”，可以修改其名称，此处不修改，如图 1-14 所示。

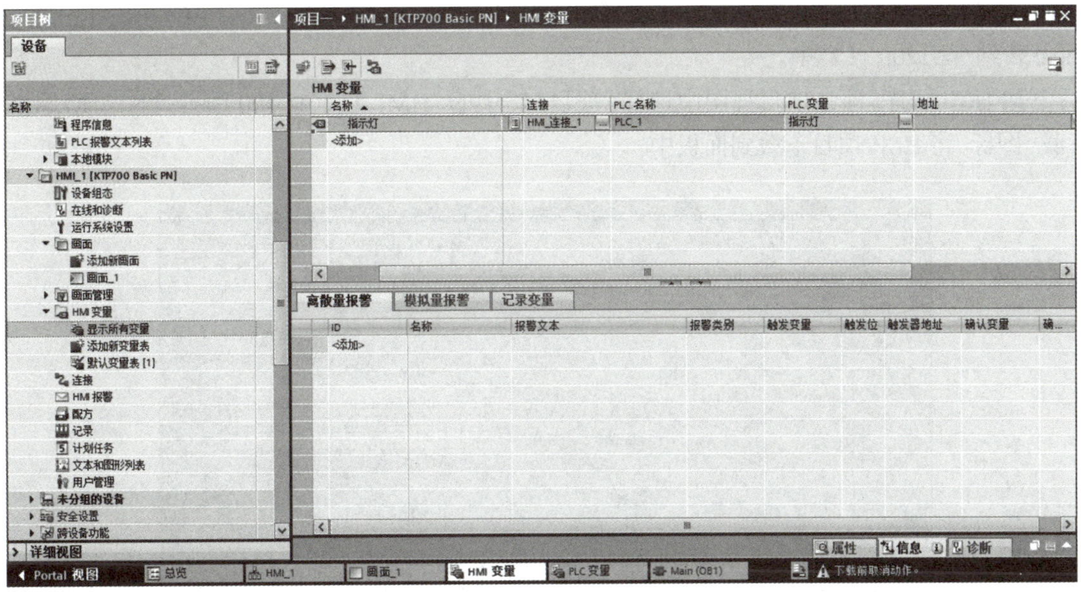

图 1-14　HMI 变量组态界面

在项目视图的“项目树”中双击 HMI 设备下的“画面”，双击左侧列表中的“画面_1”对象，打开画面编辑界面；拖动右侧“工具箱”下“元素”中的 I/O 域图标“0.12”到画面中，在 I/O 域的属性对话框中的“常规-过程”项下单击“变量”编辑框右侧的“...”按钮，添加“HMI 变量”→“指示灯”，则属性对话框中的“显示格式”自动根据变量的类型更改为“二进制”，如图 1-15 所示。

至此，一个简单的 PLC SCADA 项目就组态完成了，单击工具栏中的“保存项目”按钮即可保存编辑的项目。

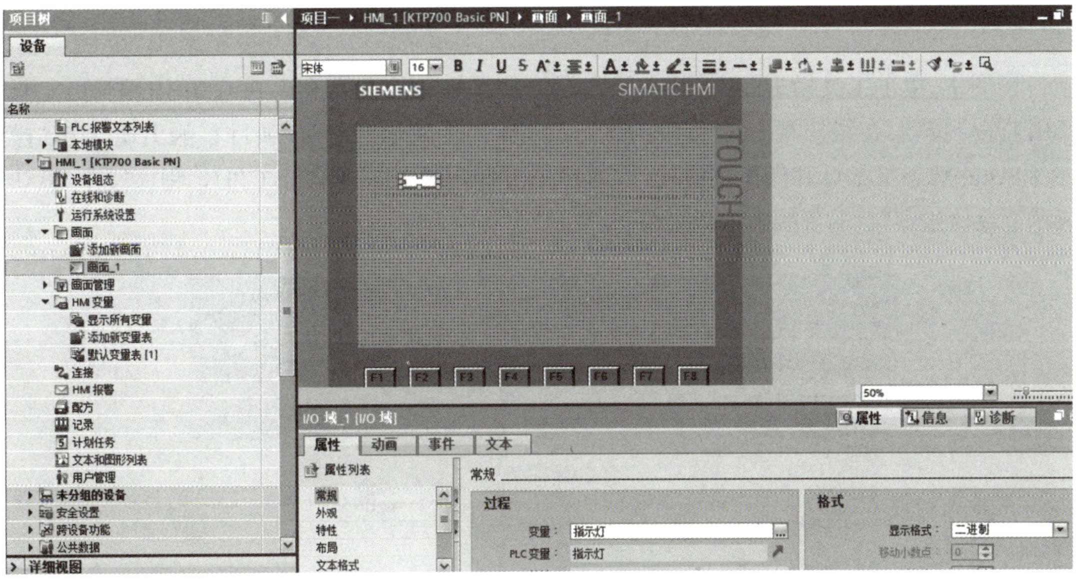

图 1-15　画面编辑界面

6. 下载项目

首先下载 PLC 项目程序，即在项目视图中选中“项目树”中的“PLC1（CPU 1214C）”，单击工具栏中的“下载”图标，打开“扩展下载到设备”对话框，如图 1-16 所示。此处选择“显示所有兼容的设备”，这时若已将编程计算机和 PLC 连接好，就会显示当前网络中所有可访问的设备，选中目标 PLC，单击“下载”按钮，即可将项目下载到 S7-1200 PLC 中。

然后下载 HMI 程序，即在项目视图中选择“项目树”中的“HMI_1（KTP700 Basic PN]”项，单击工具栏中的“下载”图标，将 HMI 项目下载到面板中。

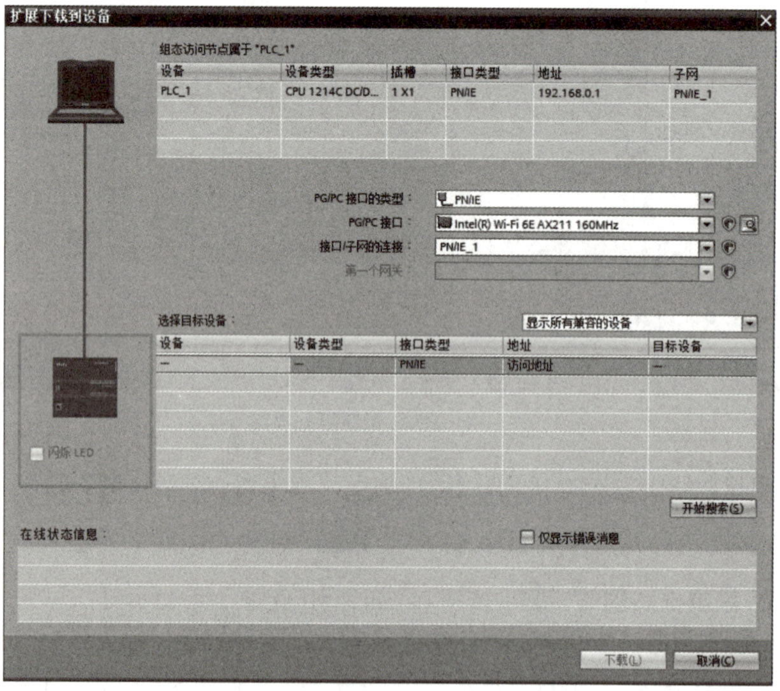

图 1-16 “扩展下载到设备”对话框

7. 运行调试项目

在项目视图中，单击工具栏中的“转到在线”按钮，使编程软件在线连接 PLC，单击编辑区工具栏中的“启用/禁用监视”按钮，在线监视 PLC 程序的运行，如图 1-17 所示。此时，项目右侧出现“CPU 操作员面板”，显示 CPU 的状态指示灯和操作按钮，可以通过单击“停止”按钮来停止 CPU。程序段中，默认用绿色的实线表示能流流过，蓝色的虚线表示能流断开。

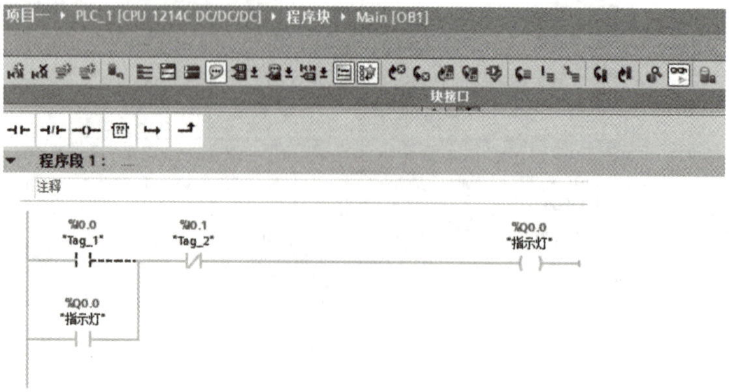

图 1-17 在线监视程序的运行

三、任务小结

通过电动机启动、保持和停止电路设计的过程，使学生对 S7-1200 PLC 控制系统有初步的了解和直观的认识，并了解 S7-1200 PLC 控制系统的开发过程。

S7-1200 PLC 控制系统的开发过程：创建新项目→组态硬件设备及网络→ PLC 编程→组态可视化→下载项目→运行调试项目。

可以按照上面的步骤动手做一遍，开始可能感觉还是很生疏，不用着急，软件的熟练使用是需要时间的。相信经过一段时间后，不仅能够熟练使用 TIA 博途软件，而且还会发现它的很多其他功能。

任务拓展

任务二设计的电动机启动、保护和停止电路通过连接 PLC 及外围硬件进行在线调试，实际编程调试中还经常会用到仿真调试的方法。请同学们通过博途自带的仿真软件进行电动机启动、保护和停止电路的仿真调试。

复习思考题

1. 什么是模拟量输入信号和模拟量输出信号？举例说明。
2. 怎样设置才能在打开博途软件时用项目视图自动打开最近的项目？
3. 怎样设置保存项目的默认文件夹？

项目二

电动机启停控制

项目导入

传统的继电器-接触器控制系统,结构简单、容易掌握、价格便宜,在一定范围内能满足控制要求,因而使用面甚广,在工业控制领域一直占主导地位。但是,以各种继电器为主要元件的电气控制线路可能需要成千个继电器,并使用成千上万根导线连接,安装这些继电器需要大量的继电器控制柜,且其占据大量的空间。系统运行时,会产生大量的噪声,消耗大量的电能。为保证控制系统的正常运行,需要安排大量的电气技术人员进行维护。若控制系统出现故障,排除故障也非常困难。尤其是在生产工艺发生变化时,可能需要增加很多的继电器或控制柜,系统改造的工作量极大,所以通用性和灵活性较差。

PLC 诞生不久即显示了其在工业控制领域的重要地位,它是如何体现其优势的呢?下面通过电动机启停简单控制系统的设计与实施来体会其中的奥秘。

知识目标

- (1)了解 S7-1200 PLC 基本位指令及其应用。
- (2)了解 PLC 中存储器的概念、分类和作用。
- (3)掌握仿真软件在控制系统调试中的作用。

能力目标

- (1)能正确进行 S7-1200 PLC 硬件组态与接线。
- (2)能完成简单操作系统的设计与调试。

素质目标

- (1)培养严谨认真的工作态度,强化安全意识。
- (2)树立和强化资源节约意识。

任务一　单台电动机的启停控制

一、任务描述

利用 PLC 实现三相异步电动机的直接启停控制，即按下启动按钮 SB2，电动机 M 启动运行，按下停止按钮 SB1，电动机 M 停止运转，其控制电路如图 2-1 所示。

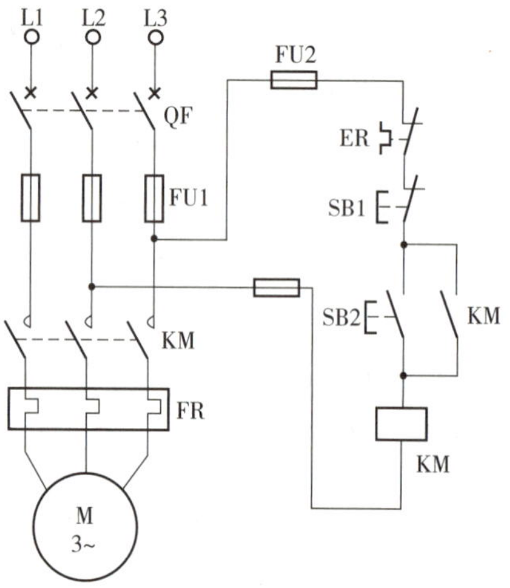

图 2-1　三相异步电动机的直接启停控制电路

二、知识准备

1. 数据类型

数据类型用来描述数据的长度和属性，S7-1200 PLC 的基本数据类型见表 2-1。在使用这些数据类型时应注意以下几点：

1）使用短整型数据可以节约内存资源；

2）使用无符号数据可以扩大正数的取值范围；

3）64 位双精度浮点数可用于高精度的数学函数运算。

表 2-1　S7-1200 PLC 的基本数据类型

数据类型	符号	位数	取值范围	举例
位	Bool	1	1，0	TRUE，FALSE 或 1，0
字节	Byte	8	16#00~16#FF	16#12，16#AB
字	Word	16	16#0000~16#FFFF	16#ABCD，16#0001
双字	DWord	32	16#00000000~16#FFFFFFFF	16#02468ACE

续表

数据类型	符号	位数	取值范围	举例
字符	Char	8	16#00~16#FF	'A'，'t'，'@'
短整型（有符号字节）	SInt	8	-128~127	123，-123
整型	Int	16	-32 768~32 767	123，-123
双整型	DInt	32	-2 147 483 648~2 147 483 647	123，-123
无符号短整型（无符号字节）	USInt	8	0~255	123
无符号整型	UInt	16	0~65 535	123
无符号双整型	UDInt	32	0~4 294 967 295	123
浮点数（实数）	Real	32	$\pm 1.175\ 495 \times 10^{-38}$~$\pm 3.402\ 823 \times 10^{38}$	12.45，-3.4，-1.2E+3
双精度浮点数	LReal	64	$\pm 2.225\ 073\ 858\ 507\ 202\ 0 \times 10^{-308}$~$\pm 1.797\ 693\ 134\ 862\ 315\ 7 \times 10^{308}$	12 345.123 456 789，-1.2E+40
时间	Time	32	T#-24d20h31m23s648ms~T#24d20h31m23s648ms	T#1d_2h_15m_30s_45ms

1）位

位数据类型也称为 Bool 数据类型，其值为“1”或“0”，位存储单元由字节地址和位地址组成，地址的表达方式为“字节. 位”，首位字母表示存储器标识符，如 I3.2，其中 I 表示输入过程映像寄存器，3 为字节地址，2 为位地址，如图 2-2 所示。

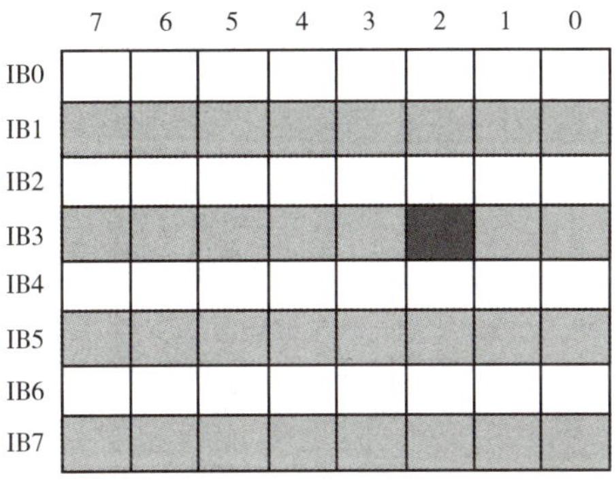

图 2-2　字节与位

2）字节

8 位二进制数为一个字节（Byte），如字节 IB10 表示 I10.0~I10.7 这 8 位，其中 I 表示输入过程映像寄存器，B 表示字节。

3）字

相邻两个字节组成一个字，如字 MW100 是由 MB100 和 MB101 两个字节组成的，其中 M 是区域标识符，M 表示存储区，W 表示字，MB100 是 MW100 的高 8 位，MB101 是 MW100 的低 8 位，如图 2-3 所示。

4）双字

2 个字或 4 个字节组成双字，如双字 MD100 是由 MW100、MW102 或 MB100、MB101、MB102、MB103 组成的，同样是低字节在高位，高字节在低位，如图 2-3 所示。

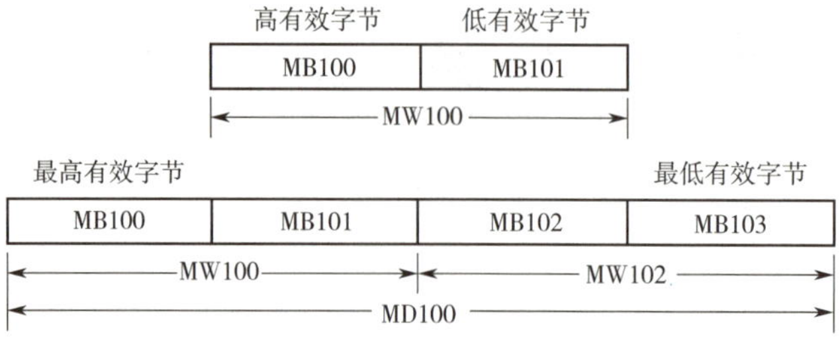

图 2-3　字节、字、双字示意图

5）浮点数

32 位的浮点数又称为实数（Real），其最高位（第 31 位）为浮点数的符号位，正数符号位为 0，负数符号位为 1，规定尾数的整数部分总是 1；第 0~22 位为尾数的小数部分；8 位指数加上偏移量 127 后（1~255），占第 23~30 位。

6）时间

时间数据类型，如 T#1d_2h_15m_30s_45ms，表示 1 天 2 小时 15 分 30 秒 45 毫秒。编辑器格式可以使用天（d）、小时（h）、分（m）、秒（s）和毫秒（ms）信息，不需要指定全部时间单位，如 T#5h10s 和 T#500h 均有效。所有指定单位值的组合值不能超过以毫秒表示的时间数据类型的下限值（2 147 483 647ms）。

2. 常用位逻辑指令

博途软件提供的常用位逻辑指令如图 2-4 所示。

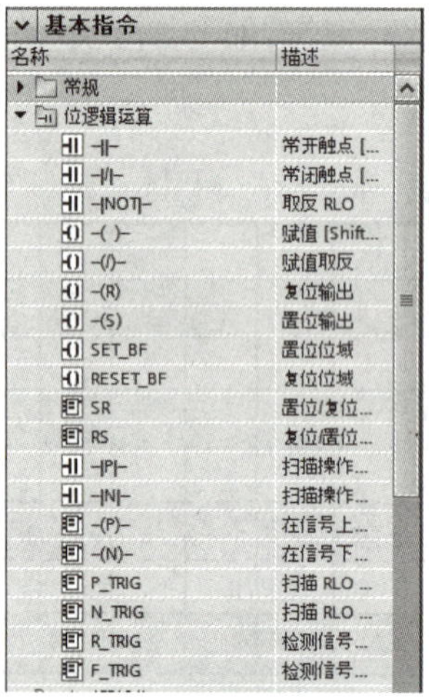

图 2-4　常用位逻辑指令

1）常开触点

常开触点在编程软件中用—| |—表示。常开触点的激活取决于相关操作数的信号状态，当操作数的信号状态为“1”时，常开触点将闭合，信号流通过；当操作数的信号状态为“0”时，不会激活常开触点，信号流断开。

两个或多个常开触点串联时，将逐位进行“与”运算，所有触点都闭合后才产生信号流。两个或多个常开触点并联时，将逐位进行“或”运算，有一个触点闭合就会产生信号流。

2）常闭触点

常闭触点在编程软件中用—|/|—表示。常闭触点的激活取决于相关操作数的信号状态，当操作数的信号状态为“1”时，常闭触点将断开，信号流断开；当操作数的信号状态为“0”时，不会激活常闭触点，信号流通过。

3）取反 RLO 指令

取反 RLO 指令在编程软件中用—| NOT |—表示。使用取反 RLO 指令可对逻辑运算结果（RLO）的信号状态进行取反。如果该指令输入的信号状态为“1”，则输出的信号状态为“0”；如果该指令输入的信号状态为“0”，则输出的信号状态为“1”。

4）线圈

线圈在编程软件中用—( )—表示，也称赋值。如果线圈输入的逻辑运算结果（RLO）的信号状态为“1”，则将指定操作数的信号状态置位为“1”。如果线圈输入的信号状态为“0”，则指定操作数的位将复位为“0”，该指令不会影响 RLO，线圈输入的 RLO 将直接发送到输出点。

线圈指令将新值写入输出点的过程映像寄存器，当输出指令执行时，将输出过程映像寄存器中的位接通或断开。

5）取反线圈

取反线圈在编程软件中用—(/)—表示，也称赋值取反。使用该指令，可对逻辑运算结果（RLO）进行取反，然后将其赋值给指定操作数。线圈输入的 RLO 为“1”时，复位操作数；线圈输入的 RLO 为“0”时，操作数的信号状态置位为“1”。

三、任务实施

1. 硬件设计

1）输入/输出地址分配

根据任务控制要求，启动按钮 SB2 接 I0.0，停止按钮 SB1 接 I0.1，接触器线圈 KM 接 Q0.0，输入/输出地址分配见表 2-2。

表 2-2　输入/输出地址分配表

输入/输出	元器件	地址
输入	启动按钮 SB2	I0.0
	停止按钮 SB1	I0.1
输出	接触器 KM	Q0.0

注意：电动机是通过接触器 KM 控制的，并非 PLC 的输出点 Q 直接控制。

2）控制电路接线图

本任务中 CPU 选用 CPU 1215C DC/DC/DC，其输入回路和输出回路电压均为 24 V，其控制电路接线图如图 2-5 所示，按照先接电源线、后接信号线的顺序，完成 PLC 供电电源、输入信号、输出信号的接线。

注意：

（1）分清电源正负极并正确接线，其中正极用红色线，负极用黑色线；

（2）断电插拔线，安全第一。

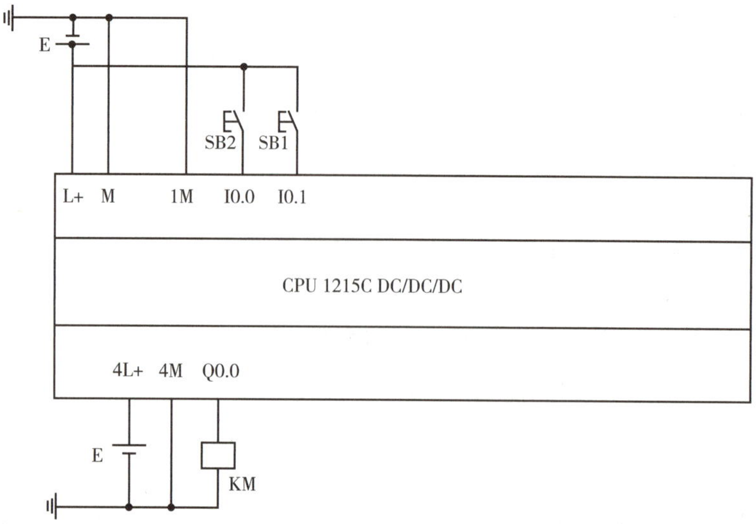

图 2-5　单台电动机启停控制电路接线图

2. 软件设计

1)PLC 变量的定义

使用 PLC 变量可使程序易于阅读和理解。打开“项目树”中的文件夹“PLC 变量”，双击其中的“PLC 变量”，并双击“添加新变量表”，即生成“变量表_1”；双击“变量表_1”，即可编辑 PLC 变量，首先输入变量名称，然后选择数据类型及地址，地址前会自动添加“%”。

根据输入/输出地址分配，PLC 变量的定义如图 2-6 所示。

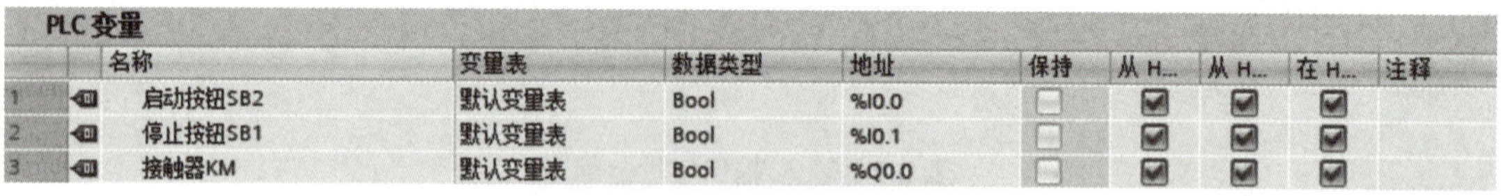

PLC 变量

	名称	变量表	数据类型	地址	保持	从 H...	从 H...	在 H...	注释
1	启动按钮SB2	默认变量表	Bool	%I0.0	☐	☑	☑	☑	
2	停止按钮SB1	默认变量表	Bool	%I0.1	☐	☑	☑	☑	
3	接触器KM	默认变量表	Bool	%Q0.0	☐	☑	☑	☑	

图 2-6　PLC 变量的定义

可以采用两种方法修改变量名称：一种是在 PLC 变量表中修改；另一种是在梯形图中修改，具体方法是选中需要修改的变量并右击，在弹出的快捷菜单中选择“重命名变量”，即可修改变量名称，重新输入变量名称后，单击“更改”按钮即可，如图 2-7 所示。

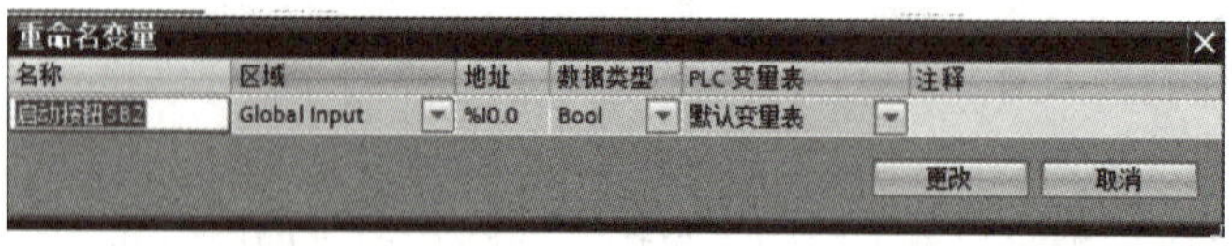

图 2-7　重命名变量

另外，在梯形图中还可以修改变量所对应的绝对地址，选中变量“a”并右击，在弹出的快捷菜单中选择“重新连接变量”，即可修改变量所对应的绝对地址，如图 2-8 所示。

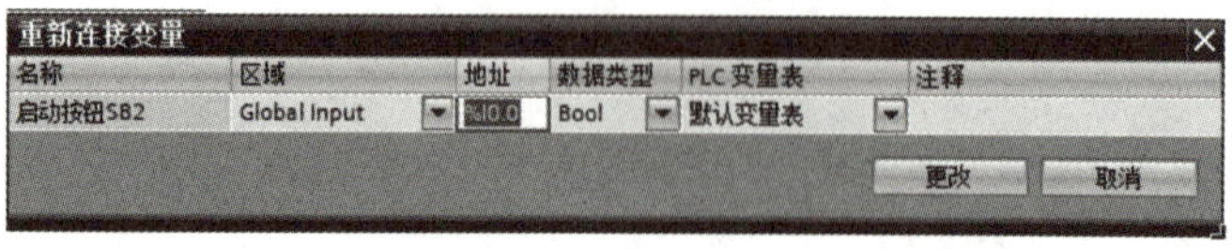

图 2-8　重新连接变量

排列 PLC 变量表中的变量，单击 PLC 变量表表头中的“地址”，该列单元格中出现向上的三角形，各变量按地址的第一个字母(I、Q 和 M 等)升序排列(从 A 到 Z);再单击一次“地址”,各变量按地址的第一个字母降序排列。同样地,可以按名称和数据类型对变量进行排序。

2)梯形图的设计

程序设计是实现控制要求、优化控制系统的重要环节,在程序设计环节需要遵循以下原则:

(1)必须实现所有控制要求;

(2)在实现控制要求功能基础上,尽量简化程序;

(3)逻辑思路清晰,便于阅读。

本任务的逻辑控制比较简单,梯形图如图 2-9 所示,这是典型的“启—保—停”程序,启动按钮和停止按钮不能提供持续的 ON 信号,Q0.0 的常开触点与 I0.0 并联,实现“自锁”功能。

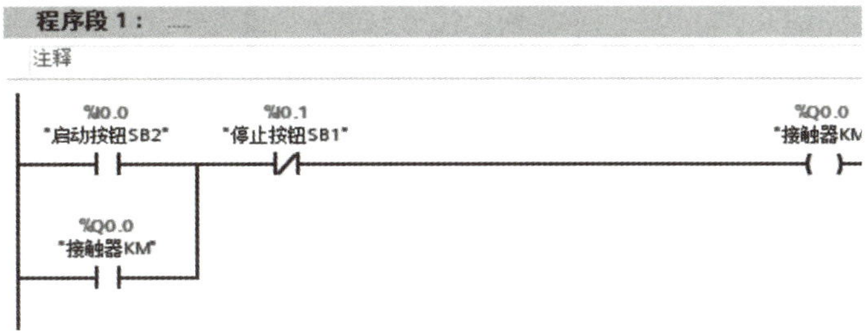

图 2-9　电动机启停控制梯形图

3. 程序调试运行

1)仿真调试

S7-PLC SIM 在 V13SP1 版本以上具有仿真功能,固件版本为 V4.0 及更高版本。在“项目树”中选中“PLC_1”站点,单击工具栏上的“开始仿真”按钮,即可启动仿真,这时会弹出“自动化许可证管理器”对话框,提示“启动仿真将禁用所有其他的在线接口”,勾选“不再显示此消息”复选框,以后在启动仿真时就不再显示此对话框,单击“确定”按钮,即出现 S7-PLC SIM 的精简视图和“下载预览”对话框(图 2-10),单击“装载”按钮,弹出如图 2-11 所示的“下载结果”对话框,在启用模块的“动作”栏中选择“启用模块”,即可完成仿真下载,最后单击“完成”按钮。

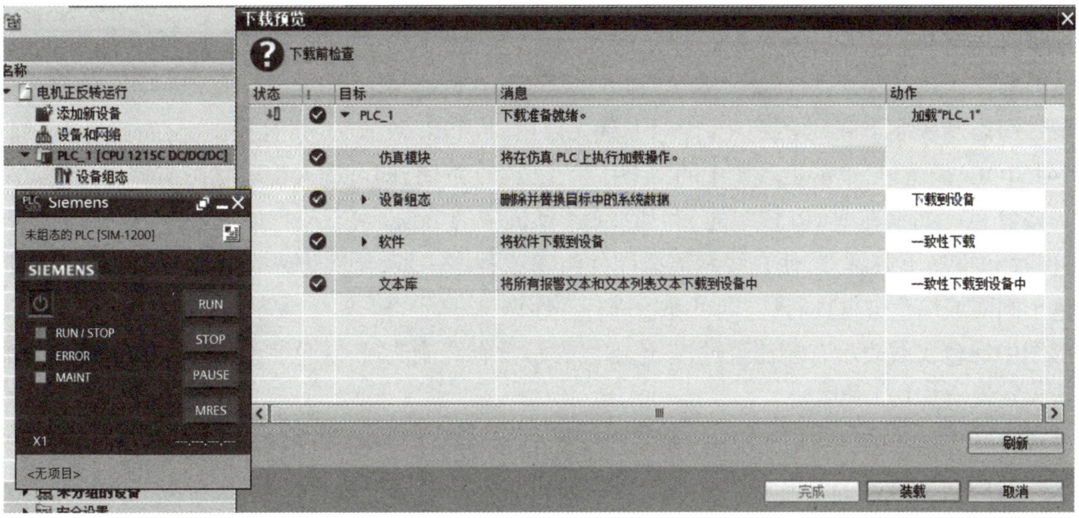

图 2-10　启动仿真

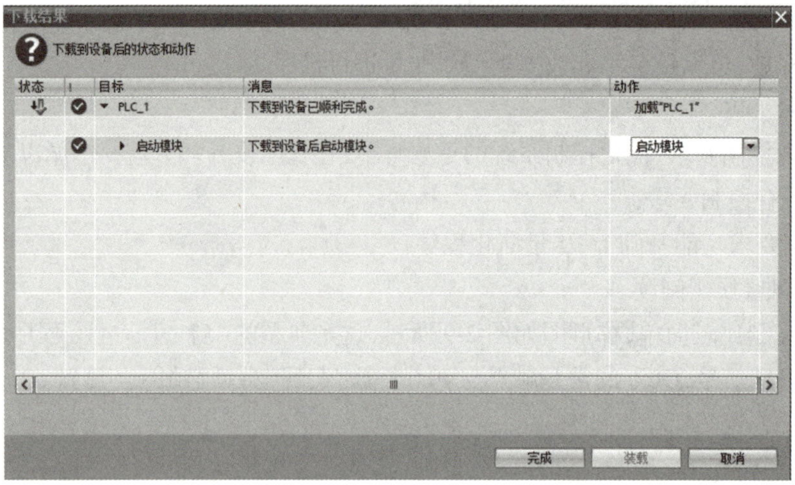

图 2-11　“下载结果”对话框

单击精简视图右上角的按钮，切换到项目视图，单击项目视图工具栏中的“新项目”按钮，即可创建一个仿真项目，设置项目名称为“单台电动机启停控制”；双击项目中的“SIM 表格_1”，打开仿真表，在仿真表的“地址”栏中输入输入/输出的绝对地址，其对应的变量名称会自动添加到仿真表中，如图 2-12 所示。

选择 I0.0 所在的行，在其“位”栏中两次单击小方框，模拟启动按钮的按下和释放操作，这时 Q0.0 的监视/修改值为 TRUE，“位”栏的小方框出现“√”，表示电动机启动运行；选择 I0.1 所在的行，在其“位”栏中单击小方框，使其出现“√”，其监视/修改值为 TRUE，这时 Q0.0 的监视/修改值为 FALSE，“位”栏的小方框“√”消失，表示电动机停止运行，如图 2-12 所示。

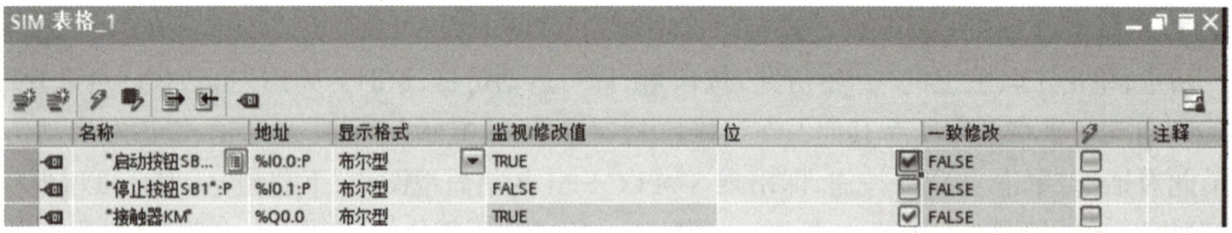

图 2-12　生成仿真表并仿真

2)程序状态监控

本任务采用程序状态监控法来监控程序运行，显示程序中操作数的值和逻辑运算结果，从而发现并修改逻辑运算错误。

将硬件组态和程序下载到 PLC 中，确保下载无误后，将 PLC 设置为 RUN 模式，运行指示灯（绿灯）亮。打开“MAIN[OB1]”窗口，单击工具栏中的“启用/禁止监视”按钮，即可进入程序状态监控界面，程序编辑器标题栏为橘红色。如果在线（PLC 中的）和离线（计算机中的）硬件组态或程序不一致，则会出现警告对话框，需要保存和重新下载站点，使在线和离线硬件组态或程序一致，再次进入在线状态，在左边项目树中出现的绿色小圆圈或绿色方框内打钩，即可开始进行程序调试。

梯形图中绿色实线表示有能流流过，蓝色虚线表示没有能流流过，灰色实线表示未知或程序没有执行，黑色实线表示没有连接。

启动程序状态监控前，若梯形图中的元件和连线全部为黑色，启动程序状态监控后，梯形图左侧的能源线和连线均为绿色实线。当常开触点处于闭合状态或常闭触点处于断开状态时，对应的能流流过，蓝色虚线变为绿色实线，程序状态监控如图 2-13 所示。

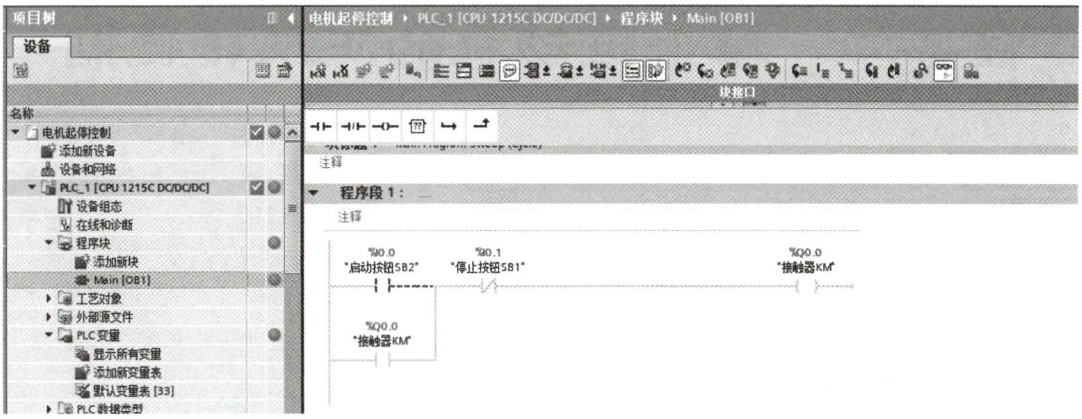

图 2-13　程序状态监控

在任务实施过程中，记录调试步骤、故障现象及处理过程，客观评价学习结果。

任务二　单台电动机的正反转控制

一、任务描述

在日常生活和生产加工过程中，往往要求能够实现两个方向的运动，即需要通过一个电动机实现正反转控制，如卷帘门的升降、电梯的上下运行、传送带的前进后退、起重机吊钩的上升下降等，如图 2-14 所示。那么，如何通过 PLC 来实现电动机正反转控制呢？

图 2-14　电梯和起重机实物图

利用 PLC 实现电动机正反转控制的电路如图 2-15 所示，按下正转启动按钮 SB2，电动机 M 正转运行，按下停止按钮 SB1，电动机 M 立即停止；在正转过程中，按下反转启动按钮 SB3 无效，电动机仍然正转。同样，按下反转启动按钮 SB3，电动机 M 反转，按下停止按钮 SB1，电动机 M 立即停止；在反转过程中，按下正转启动按钮 SB2 无效，电动机仍然反转。

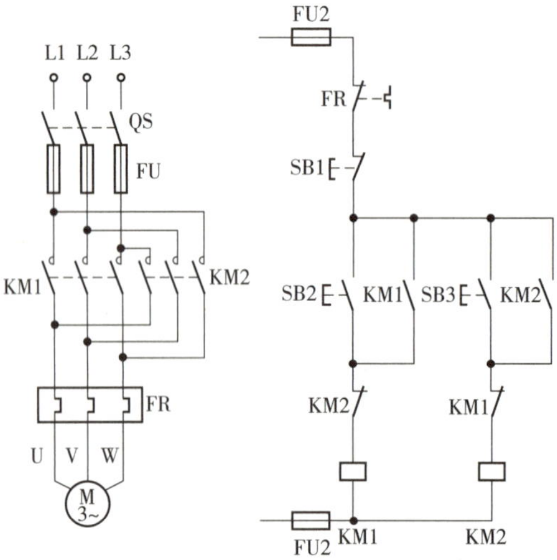

图 2-15　单台电动机正反转控制电路

二、知识准备

1. 置位指令和复位指令

置位输出指令"OUT" —(S)— 将指定的位操作数置位（变为 1 状态并保持）。复位输出指令"OUT" —(R)— 将指定的位操作数复位（变为 0 状态并保持）。如果同一操作数的线圈同时执行 S 和 R 指令，后序有效，即执行结果以后边的指令执行结果为准。置位输出指令和复位输出指令最主要的特点是有记忆和保持功能。

2. 置位位域指令和复位位域指令

置位位域指令（SET_BF）将指定的地址开始的连续的若干个位地址置位（变为 1 状态并保持）。复位位域指令（RESET_BF）将指定的地址开始的连续的若干个位地址复位（变为 0 状态并保持）。

3.RS 指令和 SR 指令

RS 是置位优先触发器，如果其置位（S1）和复位（R）信号都为 1，则输出地址 OUT 将为 1；SR 是复位优先触发器，如果其置位（S）和复位（R1）信号都为 1，则输出地址 OUT 将为 0。可选 OUT 输出，Q 反映输出地址 OUT 的信号状态。RS 指令和 SR 指令的符号如图 2-16 所示，RS 和 SR 中参数的含义见表 2-3，RS 和 SR 中参数的功能见表 2-4。

图 2-16　RS 指令和 SR 指令的符号

表 2-3　RS 和 SR 中参数的含义

参数	数据类型	说明
S、S1	BOOL	置位输入，1 表示优先
R，R1	ROOL	复位输出，1 表示优先
OUT	BOOL	分配的位输出“OUT”
Q	BOOL	遵循“OUT”位的状态

表 2-4　RS 与 SR 中参数的功能

SR 触发器			RS 触发器		
S	R1	Q	S1	R	Q
0	0	保持前一状态	0	0	保持前一状态
0	1	0	0	1	0
1	0	1	1	0	1
1	1	0	1	1	1

4. 上升沿指令和下降沿指令

上升沿指令检测 RLO 从 0 跳变为 1 时的上升沿，并保持 RLO=1 一个扫描周期。同时，该指令使用独立的存储位保存上一周期的信号值（如 M10.0）。每个扫描周期时间，都会将 RLO 的信号状态与上一个周期获取的信号状态进行比较，并判断是否改变。

上升沿指令示例如图 2-17 所示，当按下按钮 I0.0 时，产生一个上升沿，输出 Q0.0 得电一个扫描周期，通常扫描周期为毫秒级，输出高电平的时间很短。

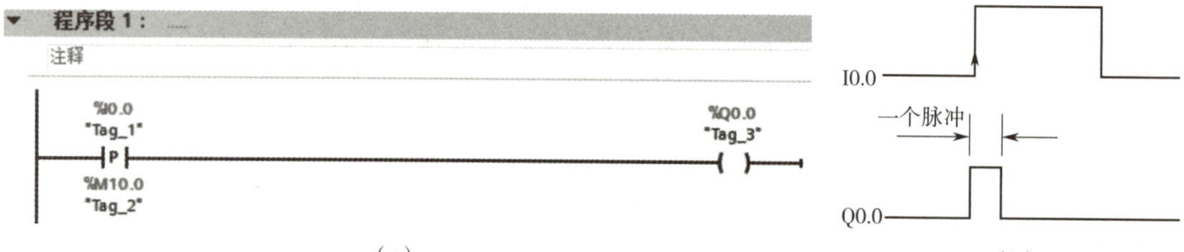

（a）　（b）

图 2-17　上升沿指令示例

（a）梯形图　（b）时序图

下降沿指令检测 RLO 从 1 跳变为 0 时的下降沿，并保持 RLO=1 一个扫描周期。每个扫描周期时间，都会将 RLO 的信号状态与上一个周期获取的信号状态进行比较，并判断是否改变。

下降沿指令示例如图 2-18 所示，当按下按钮 I0.0 后弹起时，产生一个下降沿，输出 Q0.0 得电一个扫描周期，通常扫描周期为毫秒级，输出高电平的时间很短。

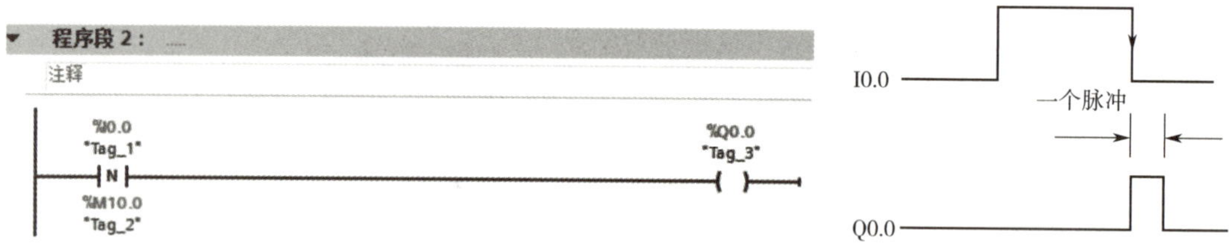

（a）　（b）

图 2-18　下降沿指令示例

（a）梯形图　（b）时序图

三、任务实施

1. 硬件设计

1）输入/输出地址分配

根据任务控制要求，正转启动按钮 SB2 接 I0.0，反转启动按钮 SB3 接 I0.1，停止按钮 SB1 接 I0.2，正转接触器线圈 KM1 接 Q0.0，反转接触器线圈 KM2 接 Q0.1，输入/输出地址分配见表 2-5。

表 2-5　输入/输出地址分配表

输入/输出	元器件	地址
输入	正转启动按钮 SB2	I0.0
	反转启动按钮 SB3	I0.1
	停止按钮 SB1	I0.2
输出	正转接触器 KM1	Q0.0
	反转接触器 KM2	Q0.1

2)控制电路接线图

电动机正反转控制电路接线图如图 2-19 所示。

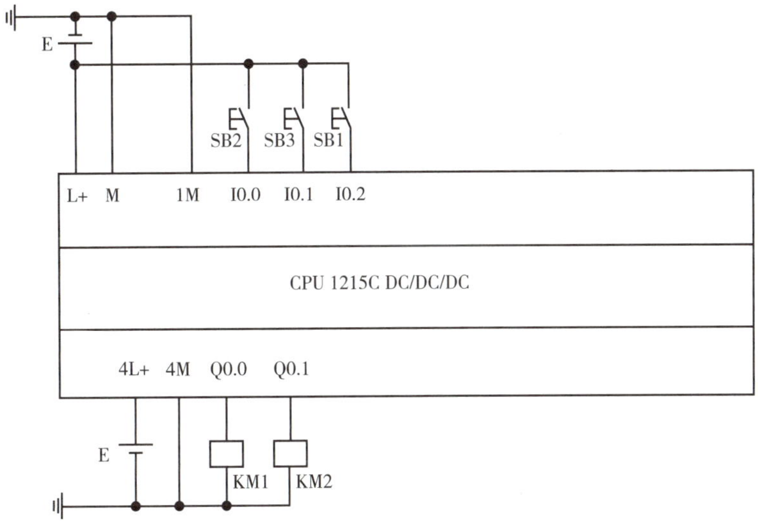

图 2-19　电动机正反转控制电路接线图

2. 软件设计

1)PLC 变量的定义

根据输入/输出地址分配，PLC 变量的定义如图 2-20 所示。

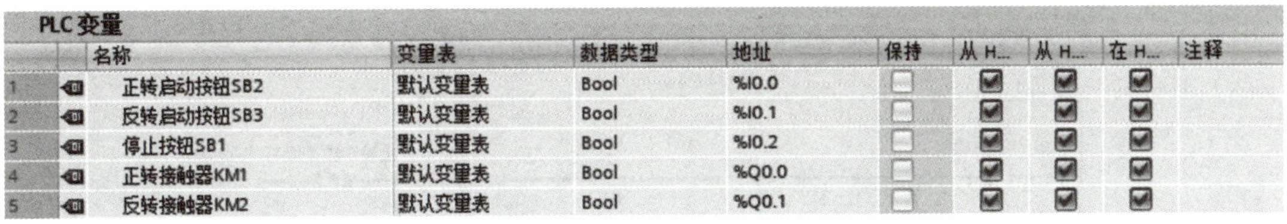

PLC 变量

	名称	变量表	数据类型	地址	保持	从 H...	从 H...	在 H...	注释
1	正转启动按钮SB2	默认变量表	Bool	%I0.0	☐	☑	☑	☑	
2	反转启动按钮SB3	默认变量表	Bool	%I0.1	☐	☑	☑	☑	
3	停止按钮SB1	默认变量表	Bool	%I0.2	☐	☑	☑	☑	
4	正转接触器KM1	默认变量表	Bool	%Q0.0	☐	☑	☑	☑	
5	反转接触器KM2	默认变量表	Bool	%Q0.1	☐	☑	☑	☑	

图 2-20　PLC 变量的定义

2)梯形图的设计

根据任务描述，要求实现电动机“正—停—反”控制，可通过下面三种方法实现。

Ⅰ. 用普通位逻辑指令实现

采用普通位逻辑指令实现电动机正反转的梯形图如图 2-21 所示，程序段 1 中，反转输出线圈 Q0.1 的常闭触点与 Q0.0 串联，实现“互锁”；程序段 2 亦如此。

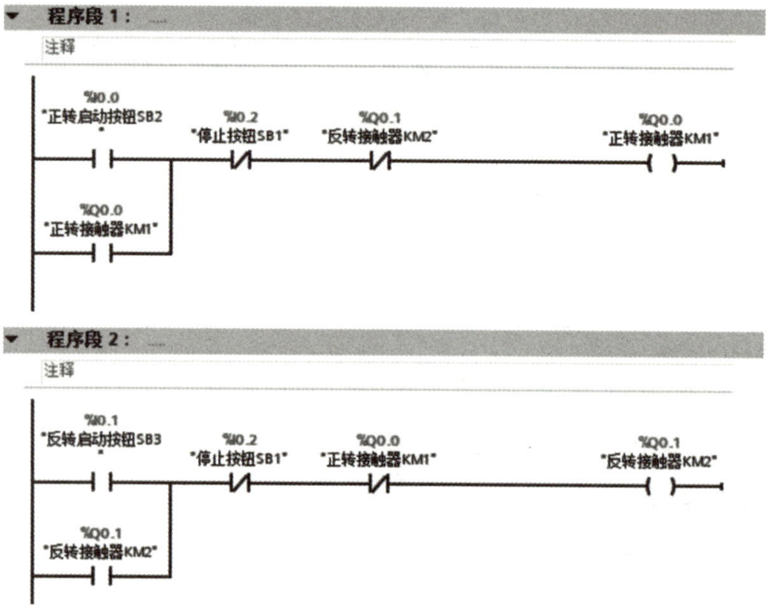

图 2-21　普通位逻辑指令实现电动机正反转控制梯形图

Ⅱ. 用置位指令和复位指令实现

采用置位和复位指令实现电动机正反转的梯形图如图 2-22 所示，由于 CPU 的扫描工作方式，程序中写在后面的指令有优先权。

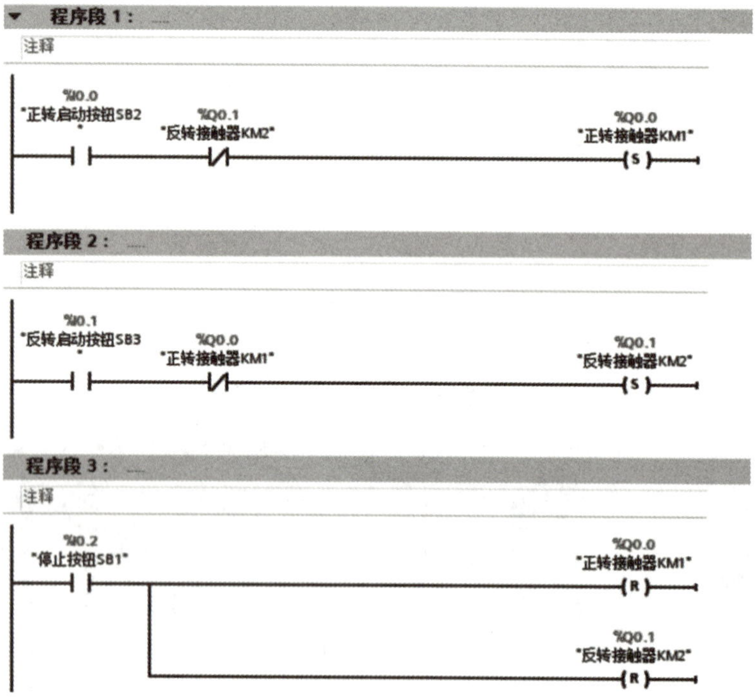

图 2-22　置位和复位指令实现电动机正反转控制梯形图

Ⅲ. 用 SR 指令实现

采用 SR 指令实现电动机正反转的梯形图如图 2-23 所示，程序段 1 中，当 I0.0 为 1，I0.2 为 0，Q0.1 为 0 时，Q0.0 为 1，电动机正转启动；当 I0.0 为 0，I0.2 为 1 时，Q0.0 为 0 时，电动机停止；当 I0.0 为 0，I0.2 为 0 时，Q0.0 保持为 0；当 I0.0 为 1，I0.2 为 1 时，由于复位优先，因此 Q0.0 为 0。在程序段中 2 亦如此。

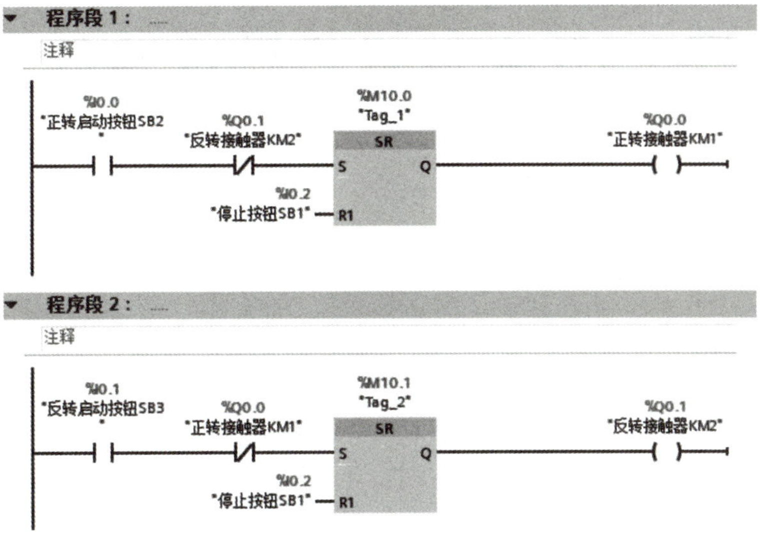

图 2-23　SR 指令实现电动机正反转控制梯形图

3. 程序调试运行

根据任务一介绍的方法进行仿真调试和程序状态监控，完成程序调试运行。上面三种实现电动机正反转控制的方法都是“正—停—反”控制，思考如何实现电动机正反转直接切换。

任务三 两台电动机顺序启停控制

一、任务描述

在生产实践中，由多台电动机拖动的设备，常需要电动机按先后顺序工作。利用 PLC 实现两台电动机顺序启动控制，即按下启动按钮 SB2，电动机 M1 运转；在 M1 运行后，按下启动按钮 SB3，电动机 M2 运转，如果 M1 未启动，按下启动按钮 SB3 无效；按下停止按钮 SB1，两台电动机停止运转，其控制电路接线图如图 2-24 所示。

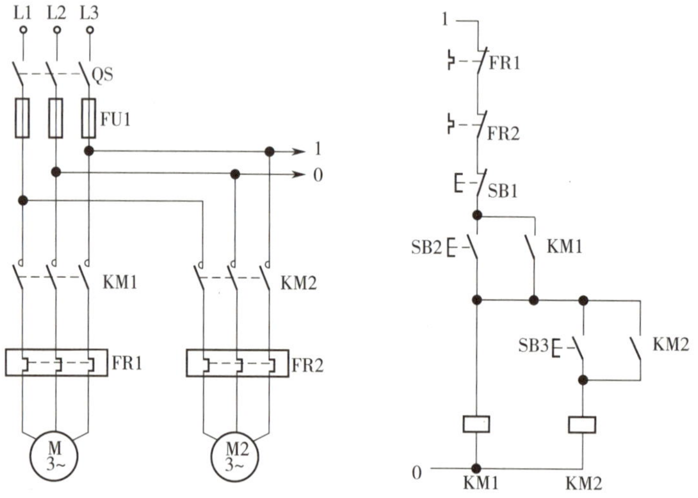

图 2-24 两台电动机顺序控制电路接线图

二、知识准备

1. 系统存储器

1)物理存储器

物理存储器包括随机存储器（RAM）、只读存储器（ROM）、快可擦编程只读存储器和电擦除可编程只读存储器。

（1）CPU 可以读出随机存储器中的数据，也可以将数据写入随机存储器，随机存储器是易失性存储器，断电后随机储存器中的数据消失。

（2）只读存储器只能读出不能写入，是非易失性存储器，断电后只读储存器中的数据不会消失，一般用来存放 PLC 的操作系统。

（3）快可擦编程只读存储器（FlashEPROM）和电擦除可编程只读存储器（E^2PROM）是非易失性存储器，用来存储用户程序和断电时需要保护的重要数据。

2）装载存储器

装载存储器用于非易失性地存储用户程序、数据和组态信息，该非易失性存储器能够在断电后继续保持。装载存储器位于存储卡（如果有）或 CPU 中，在项目被下载到 CPU 中后，首先存储在装载存储器中，存储卡支持的存储空间比 CPU 内置存储器的存储空间大。

3）工作存储器

工作存储器是易失性存储器，用于在执行用户程序时存储用户项目的某些内容。CPU 会将一些项目内容从装载存储器复制到工作存储器中。工作存储器中的内容将在断电后丢失，而在恢复供电时由 CPU 恢复。

4）保持存储器

保持存储器用于在断电时存储所选用户存储单元的值。当发生断电时，CPU 会留出足够的缓冲时间来保存几个有限的指定单元的值，这些值会在供电时恢复。暖启动后保持存储器中的值保持不变，冷启动后保持存储器中的值会被清除。

5）存储卡

可选的 SIMATIC 存储卡可用作存储用户程序的替代存储器或用于传送用户程序。如果使用存储卡，则 CPU 将运行的是存储卡中的程序，而不是内置存储器中的程序。

CPU 仅支持已预先格式化的 SIMATIC 存储卡。在插入存储卡时，必须首先打开 CPU 顶盖，然后将存储卡插入插槽。存储卡要求正确安装并进行检查，以确定存储卡没有写保护，若有写保护，则应滑动保护开关使其离开“Lock”位置。存储卡在作为传送卡使用时，可将项目复制到多个 CPU 中，将存储项目复制到 CPU 存储器中后必须取出传送卡。存储卡在作为程序卡使用时，可以替代 CPU 的内置存储器，所有 CPU 功能都由该程序卡进行控制，插入程序卡会擦除 CPU 的内置存储器中的所有内容（包括用户程序和任何强制输入/输出内容），然后 CPU 会执行程序卡中的用户程序，程序卡必须留在 CPU 中。如果要取出程序卡，则必须将 CPU 切换到 STOP 模式。

2.PLC 的存储方式

CPU 提供了以下几种存储方式，用于在执行用户程序期间存储数据。

1）全局储存器

CPU 提供了各种专用存储区，其中包括输入存储器、输出存储器和位存储器，所有程序块可以无限制地访问该储存器。

2）PLC 变量表

PLC 变量表用于定义特定存储单元的符号名称（变量名称），这些变量在程序中为全局变量，且允许所有程序访问。

3）数据块

数据块用于保存用户数据，可分为全局数据块和背景数据块两种。用户程序中的所有程序块都可访问全局数据块中的数据，而背景数据块中仅存储特定功能块的数据，背景数据块中数据的结构可反映功能块的参数类型（输入、输出、输入输出、静态），但功能块的临时变量不存储在背景数据块中。

数据块可以按位、字节、字、双字来寻址，位寻址方式为“DB[数据块编号].DBX[字节地址].[位地址]”，假设数据块为 DB1，则位地址为 DB1.DBX4.1；字节寻址方式为“DB[数据块编号].DBB[起始字节地址]”，如 DB1.DBB0；字寻址方式为“DB[数据块编号].DBW[起始字节地址]”，如 DB10.DBWO；双字寻址方式为“DB[数据块编号].DBD[起始字节地址]”，如 DB1.DBD0。

4）临时储存器

只要调用程序块，CPU 就会分配需要在执行程序块期间使用的临时存储器或本地存储器（L）。程序块执行完成后，CPU 将重新分配本地存储器，以用于执行其他程序块。

3.PLC 的寻址方式

1）绝对地址寻址

绝对地址寻址就是采用 I/O 地址进行编程，绝对地址由地址标识符和存储器位置组成，如 I0.0、Q3.1、MD20、DB5.DBB10 等。

2）符号寻址

为了便于阅读程序、寻找故障点，为绝对地址分配符号的寻址方法称为符号寻址。编程时，通过编写符号表，即分配符号名给绝对地址，就可以使用符号名来访问数组、结构、数据块、局部变量、逻辑块以及用户自定义数据类型，方便又实用。符号寻址时定义的 PLC 变量表中的名称如图 2-25 所示。

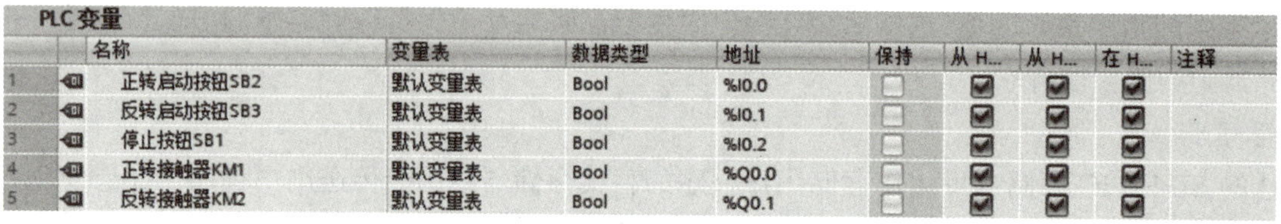
PLC 变量

	名称	变量表	数据类型	地址	保持	从 H...	从 H...	在 H...	注释
1	正转启动按钮SB2	默认变量表	Bool	%I0.0	☐	☑	☑	☑	
2	反转启动按钮SB3	默认变量表	Bool	%I0.1	☐	☑	☑	☑	
3	停止按钮SB1	默认变量表	Bool	%I0.2	☐	☑	☑	☑	
4	正转接触器KM1	默认变量表	Bool	%Q0.0	☐	☑	☑	☑	
5	反转接触器KM2	默认变量表	Bool	%Q0.1	☐	☑	☑	☑	

图 2-25　符号寻址时定义的 PLC 变量表中的名称

对于初学者或者设计变量较多、逻辑较复杂的大项目时，建议使用符号寻址，并且选用有代表意义或者一目了然的符号名称，这样看到定义符号名称就知道其含义和作用，可以在一定程度上降低阅读程序的难度。

3）外设输入

在 I/O 点的地址或符号地址的后面附加“：P”，可以立即访问外设输入或外设输出。通过给输入点的地址附加“：P”（如“I0.3：P”或“Stop：P”），可以立即读取 CPU、信号板和信号模块的数字量输入和模拟量输入。访问时使用 I_：P 取代 I 的区别在于，前者的数字直接来自被访问的输入点，而不是来自过程映像输入。由于数据会从信号源被立即读取，而不是从最后一次被刷新的过程映像输入中复制，因此这种访问被称为“立即读”。

由于外设输入点从直接连接在该点的现场设备接收数据值，因此写外设输入点是被禁止的，即 I：P 访问是只读的。

4）外设输出

在输出点的地址后面附加“：P”（如“Q0.3：P”），可以立即写 CPU、信号板和信号模块的数字量输出和模拟量输出。访问时使用 Q_：P 取代 Q 的区别在于，前者的数字直接写给被访问的外设输出点，同时写给过程映像输出。由于数据被立即写给目标点，而不用等到下一次刷新时将过程映像输出中的数据传送给目标点，因此这种访问被称为“立即写”。

由于外设输出点直接控制与该点连接的现场设备，因此读外设输出点是被禁止的，即 Q：P 访问是只写的。与此相反，可以读写 Q 区的数据。

三、任务实施

1. 硬件设计

1）输入/输出地址分配

根据任务控制要求，M1 启动按钮 SB2 接 I0.0，M2 启动按钮 SB3 接 I0.1，停止按钮 SB1 接 I0.2，M1 接触器线圈 KM1 接 Q0.0，M2 接触器线圈 KM2 接 Q0.1，输入/输出地址分配见表 2-6。

表 2-6　输入/输出地址分配表

输入/输出	元器件	地址
输入	M1 启动按钮 SB2	I0.0
	M2 启动按钮 SB3	I0.1
	停止按钮 SB1	I0.2
输出	M1 接触器 KM1	Q0.0
	M2 接触器 KM2	Q0.1

2)控制电路接线图

两台电动机顺序控制电路接线图如图 2-26 所示。

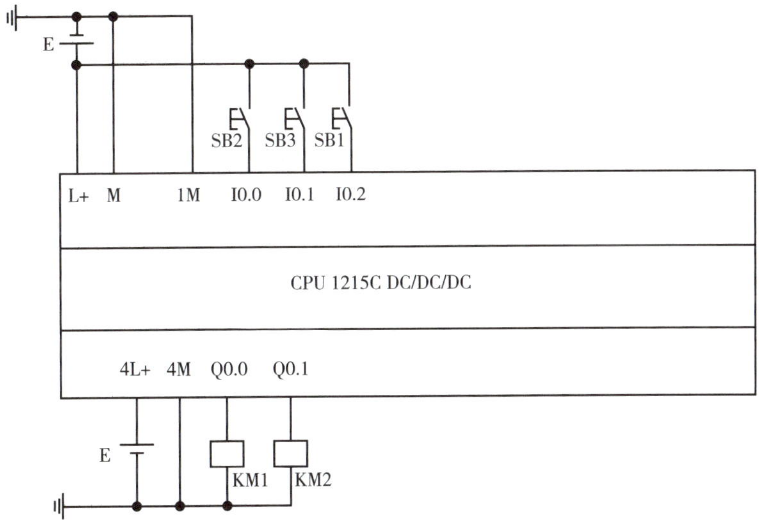

图 2-26　两台电动机顺序控制电路接线图

2. 软件设计

1)PLC 变量的定义

根据输入/输出地址分配,PLC 变量的定义如图 2-27 所示。

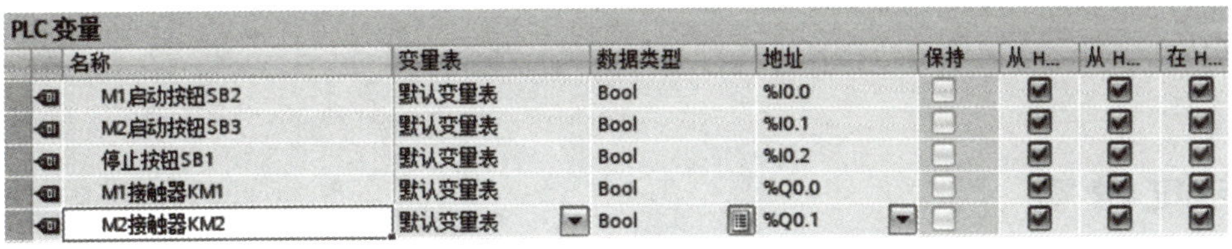

PLC 变量

名称	变量表	数据类型	地址	保持	从 H...	从 H...	在 H...
M1启动按钮SB2	默认变量表	Bool	%I0.0	☐	☑	☑	☑
M2启动按钮SB3	默认变量表	Bool	%I0.1	☐	☑	☑	☑
停止按钮SB1	默认变量表	Bool	%I0.2	☐	☑	☑	☑
M1接触器KM1	默认变量表	Bool	%Q0.0	☐	☑	☑	☑
M2接触器KM2	默认变量表	Bool	%Q0.1	☐	☑	☑	☑

图 2-27　PLC 变量的定义

2)梯形图的设计

根据控制要求，M1 电动机启动后，M2 电动机才能启动,所以在 Q0.1 输出线圈前串联 Q0.0 的常开触点,当 Q0.0 线圈得电,对应的常开触点闭合,为 Q0.1 线圈得电做好准备;同理,如果 Q0.0 线圈没有得电,即使按下 M2 电动机的启动按钮 SB3，Q0.1 依然不得电。这就实现了 M1 电动机启动后，M2 电动机才能启动,梯形图如图 2-28 所示。

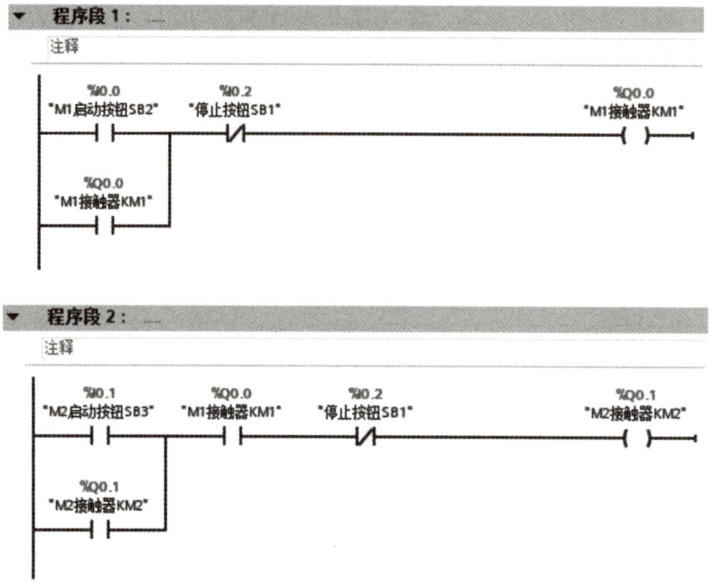

图 2-28　两台电动机顺序启动控制梯形图

3. 程序调试运行

根据任务一讲述的方法进行仿真调试和程序状态监控，完成程序调试运行，并思考两台电动机如何实现“顺序启动，逆序停止”，以及如何改进程序，还需要在电路中增加哪些电器元件。

任务拓展

在现实生活或实际生产中，我们经常会看到多台设备的顺序启动都是自动实现的，工作人员可能仅需要按下一个启动按钮，系统就会按生产要求自动启动各台设备。例如，三台电动机的顺序启动，仅需要按下第一台电动机的启动按钮，后续两台电动机会在运行到一定位置（距离）或时间后自动启动。这样的控制系统如何实现呢？

我们知道后续电动机的启动是需要在相应条件满足后才可以运行的，这里有两个可能的启动条件，其一是运行到一定位置（距离），其二是运行到一定时间，而这两个条件的获取可以分别通过传感器的检测和定时器的计时功能实现。请同学们结合本项目所学知识进行梯形图设计。

复习思考题

1. 如何运用 RS 指令？置位指令、复位指令与 RS 指令有何区别？

2. 设计一个小车自动往返控制程序，小车的启动和停止分别受 SB1、SB2 的控制，若按下左行按钮，小车左行，左行到左侧行程开关 SQ1 处，小车自动返回；若按下右行按钮，小车右行，右行到右侧行程开关 SQ2 处，小车自动返回，如此循环。

3. 利用 PLC 实现异地控制，假设用三相异步电动机控制传送带，在传送带的起始端有两个按钮，分别为用于启动的 SB1（常开）和用于停止的 SB2（常闭）；在传送带的尾端也有两个按钮，分别为用于启动的 SB3（常开）和用于停止的 SB4（常闭）。要求能在任何一端启动或停止传送带。另外，当传送带上的工件到达尾端撞击位置传感器 SQ（常闭）使传感器动作时，传送带停止。

项目三

交通信号灯控制

项目导入

在十字路口，为了确保良好的交通秩序和行人安全，通常都会安装交通信号灯。其中，红灯表示道路禁止通行；黄灯表示道路上未通过停车线的车辆禁止通行，已通过停车线的车辆继续行驶；绿灯表示道路可以通行。

知识目标

- （1）了解 S7-1200 PLC 定时器指令及其应用。
- （2）了解 PLC 结构化程序设计。
- （3）掌握十字路口交通灯控制系统的接线、调试、操作方法。

能力目标

- （1）能完成 S7-1200 PLC 硬件组态与接线故障排除。
- （2）能完成 PLC 结构化程序设计与调试。

素质目标

- （1）鼓励学生自主学习，通过指导和反馈，帮助学生形成自主学习习惯，提高学习成效。
- （2）发扬合作精神，增强团队凝聚力。

任务 十字路口交通信号灯控制

一、任务描述

本任务是十字路口交通信号灯受一个启动按钮控制，当启动按钮接通时，交通信号灯系统开始工作。首先，南北方向红灯亮、东西方向绿灯亮，南北方向红灯亮维持 30 s，在此期间东西方向绿灯亮维持 25 s，25 s 后东西方向绿灯闪烁，闪烁 3 s 后熄灭，接着东西方向黄灯亮并维持 2 s，2 s 后东西方向黄灯熄灭、红灯亮，同时南北方向红灯熄灭、绿灯亮；然后，东西方向红灯亮维持 30 s，在此期间南北方向绿灯亮维持 25 s，25 s 后南北方向绿灯闪烁，闪烁 3 s 后熄灭，接着南北方向黄灯亮并维持 2 s，2 s 后南北方向黄灯熄灭、红灯亮，同时东西方向红灯熄灭、绿灯亮，如此周而复始。按下停止按钮后，全部灯熄灭。

二、知识准备

1. 定时器指令

S7-1200 PLC 的定时器指令采用 IEC 标准，共有 4 种定时器指令：脉冲定时器（TP）指令、接通延时定时器（TON）指令、断开延时定时器（TOF）指令和保持型接通延时定时器（TONR）指令。

使用定时器指令在编程中可以创建时间延时，在用户程序中可以使用的定时器个数仅受 CPU 存储器容量限制。每个定时器均使用 16 字节的 IEC_Timer 数据类型的数据块结构来存储定时器指令的数据，博途软件会在插入定时器指令时自动创建该数据块。

定时器指令中的 IN 信号为输入信号，即定时器的启动信号，当输入信号从 0 状态跳变到 1 状态时，脉冲定时器、接通延时定时器、保持型接通延时定时器启动定时，当输入信号从 1 状态跳变到 0 状态时，断开延时定时器启动定时；PT 为定时器预置的时间，ET 为定时器开始计时后已消耗的时间，R 为保持型接通延时定时器的复位信号。

定时器指令属于功能块，在调用时需要知道配套的背景数据块，定时器指令的数据保存在背景数据块中。当在梯形图中输入定时器指令时，会打开右边的指令窗口，将“定时器操作”文件夹中的定时器指令拖放到梯形图中合适的位置处，可以修改将要生成的背景数据块的名称，也可以采用默认的名称，单击“确定”按钮，会自动生成背景数据块。

定时器指令没有编号，在对定时器使用复位指令时，可以用背景数据块编号或符号名来指定需要复位的定时器，如果没有必要，则可以不用复位指令。

1）脉冲定时器指令

脉冲定时器指令如图 3-1 所示，脉冲定时器可生成具有预设宽度的脉冲，由如图 3-2 所示的波形可见，脉冲定时器类似于数字电路中上升沿触发的单稳态电路。在输入信号的上升沿，Q 输出为 1 时，开始输出脉冲，在达到预置的时间时，Q 输出变为 0。输入信号的脉冲宽度可以小于输出信号的脉冲宽度。在脉冲输出期间，即使输入信号又出现上升沿，也不会影响脉冲的输出。

利用程序状态监控功能可以观察已消耗时间的变化，从定时器开始计时，已消耗时间从 0 ms 开始不断增加，在达到预置的时间时不再增加，如果 IN 输入为 1，则已消耗时间保持不变；如果 IN 输入为 0，则已消耗时间变为 0 ms。当 IN 输入为 1 时，定时器复位指令可以复位已消耗时间，但不能复位输出值，复位信号消失，继续输出固定宽度的脉冲。

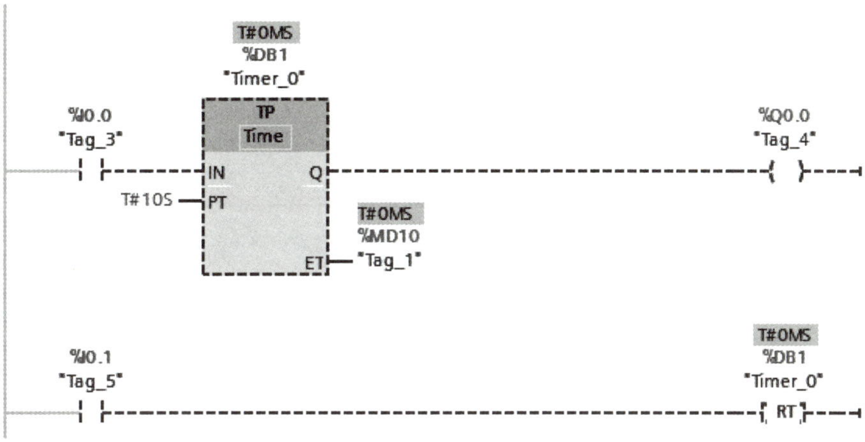

图 3-1　脉冲定时器指令

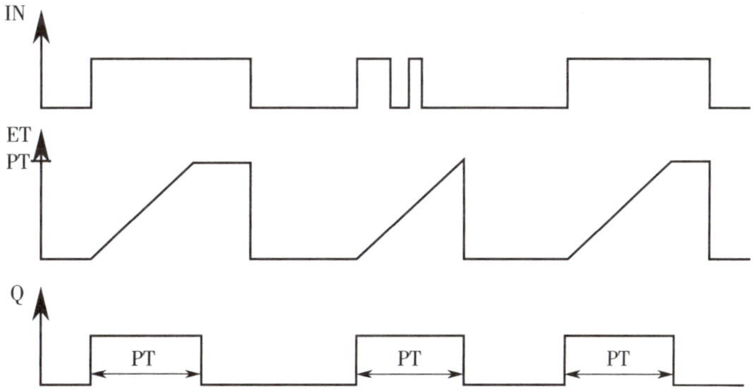

图 3-2　脉冲定时器指令波形

2)接通延时定时器指令

接通延时定时器在其输入端由断开变为接通时开始计时，当定时时间大于或等于预置的时间时，Q 输出为 1；当输入端断开时，定时器被复位，已消耗时间被清零，Q 输出变为 0。在 CPU 第一次扫描时，接通延时定时器输出被清零。

如图 3-3 所示，当 I0.3 为 1 时，接通延时定时器复位线圈 RT 接通，接通延时定时器被复位，已消耗时间被清零，Q 输出为 0；当 I0.3 变为 0 时，如果 IN 输入为 1，则将重新开始计时；如果 I0.2 输入时间小于定时时间，则没有脉冲输出。接通延时定时器指令波形如图 3-4 所示。

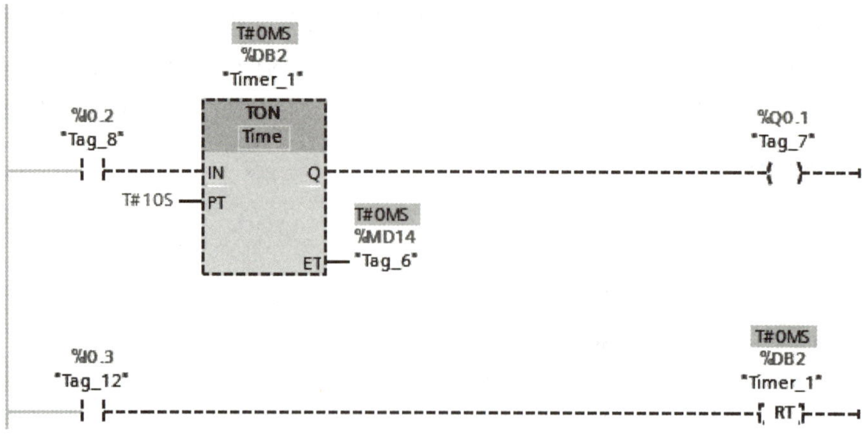

图 3-3　接通延时定时器指令

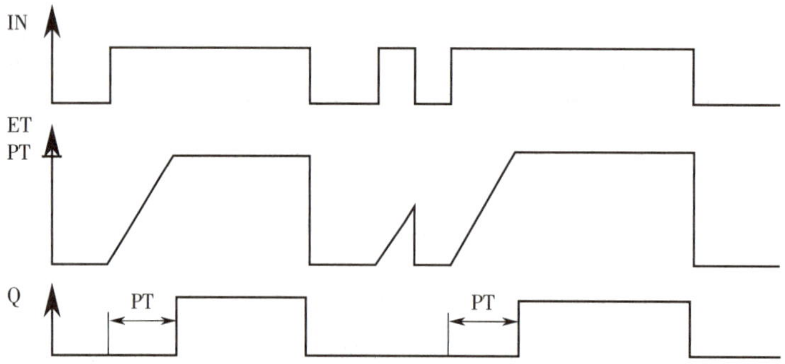

图 3-4　接通延时定时器指令波形

3）断开延时定时器指令

当 IN 输入为 1 时，断开延时定时器的位值立即为 1，并把预置的时间设为 0。当 IN 输入为 0 时，断开延时定时器开始计时，当已消耗时间等于预置的时间时，断开延时定时器的位值立即为 0，并停止计时。断开延时定时器指令必须用负跳变的输入信号启动计时。断开延时定时器可模拟断电延时型物理时间继电器，当其输入端接通时，Q 输出为 1，已消耗时间被清零；当其输入端由接通变为断开时，开始计时，已消耗时间从 0 开始逐渐增大，当已消耗时间大于或等于预置的时间时，Q 输出变为 0，已消耗时间不变，直到输入端接通，如图 3-5 所示。断开延时定时器指令主要用于设备停止后的延时，如大型变频电动机的冷却风扇的延时。

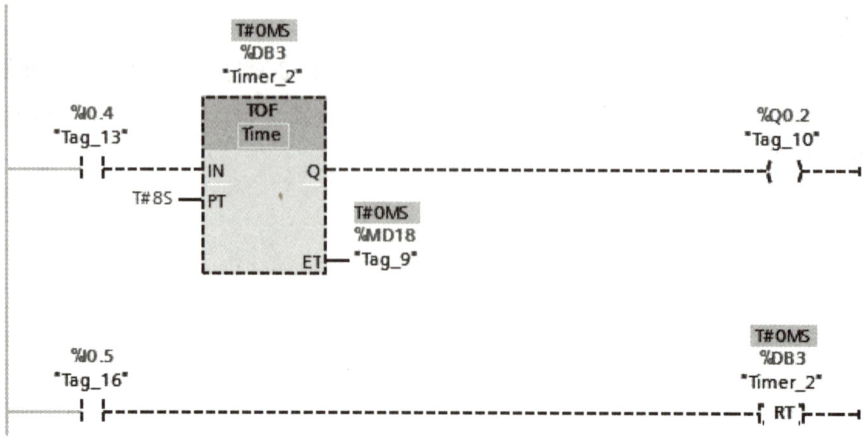

图 3-5　断开延时定时器指令

当输入信号为低电平时，复位指令对已消耗时间清零并复位输出；当输入信号为高电平时，复位指令不起作用。断开延时定时器指令波形如图 3-6 所示。

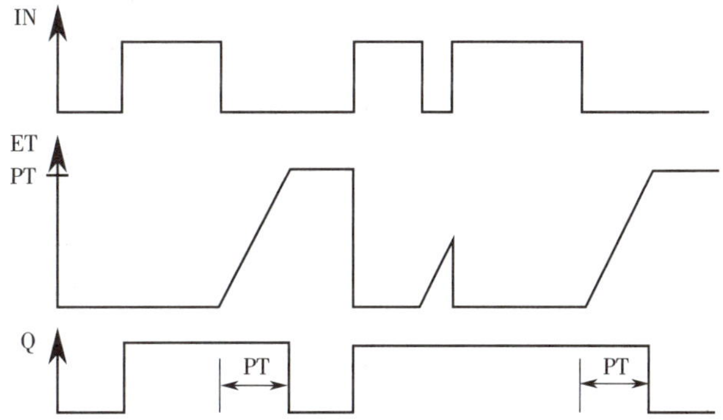

图 3-6　断开延时定时器指令波形

4)保持型接通延时定时器指令

保持型接通延时定时器在其输入端接通时开始计时，输入端断开，累计的已消耗时间保持不变。可以用来累计输入端接通的时间间隔。当 I0.7 为 1 时，保持型接通延时定时器被复位，其累计的已消耗时间变为 0，同时输出变为 0，如图 3-7 所示。保持型接通延时定时器指令波形如图 3-8 所示。

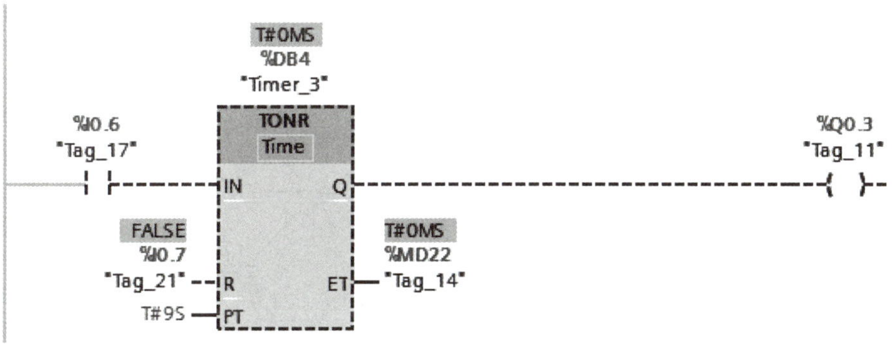

图 3-7　保持型接通延时定时器指令

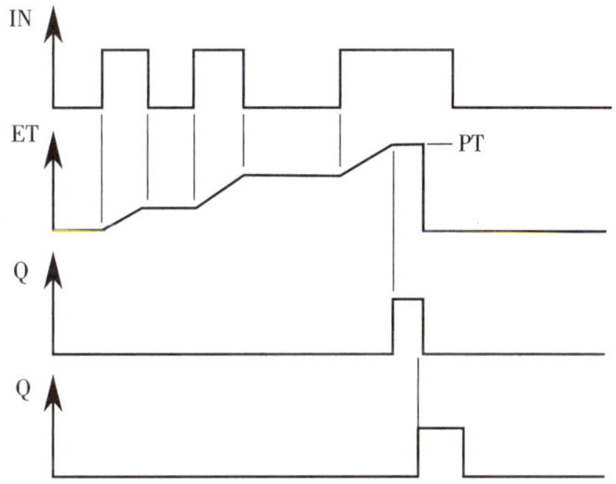

图 3-8　保持型接通延时定时器指令波形

2. 用户程序结构

1)线性程序

线性程序即按顺序逐条执行用于自动化任务的所有指令。通常线性程序将所有程序指令都放入用于循环执行程序的 OB(如 OB1)中,如图 3-9(a)所示。

2)模块化程序

模块化程序包含调用时可执行特定任务的特定代码块(功能或功能块)。要创建模块化结构,需要将复杂的自动化任务划分为与过程的工艺功能相对应的更小的次级任务,每个代码块都为每个次级任务提供程序段,通过从另一个块中调用其中一个代码块来构建程序,如图 3-9(b)所示。

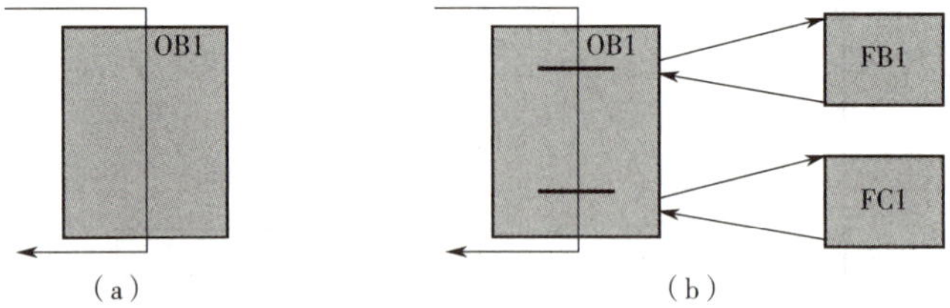

图 3-9 线性程序与模块化程序示意图

(a)线性程序 (b)模块化程序

3)块的类型

S7-1200 PLC 的块包括组织块、功能、功能块和数据块,而数据块又包括全局数据块和背景数据块。如图 3-10 所示,组织块 OB 中可以包含全局数据块,组织块可以调用功能块和功能,而功能块和功能又可以调用功能块或功能。

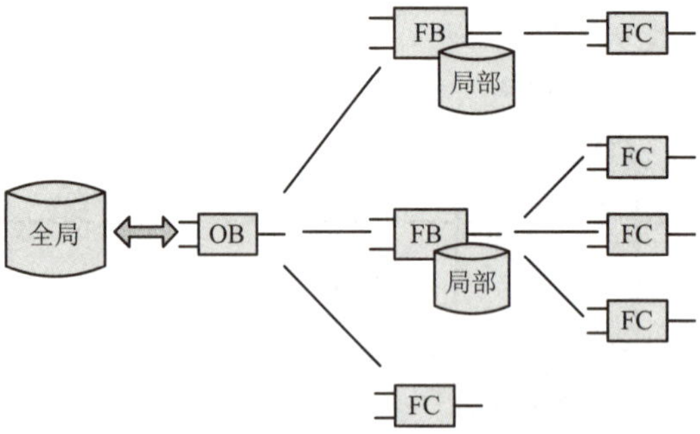

图 3-10 块的类型示意图

三、任务实施

根据任务设计要求,采用顺序功能图的设计方法中以转换为中心的顺序控制设计方法,主要采用置位和复位指令实现顺序控制的设计。但在本任务中,采用结构化程序设计的思路,由于东西方向和南北方向信号灯的运行情况相同,所以两个方向的信号灯的运行可采用同一个功能来实现,在主程序中两次调用该功能即可。在功能的设计中,由于遵循时间规则,因此可以采用比较指令或定时器指令来实现。本任务十字路口交通信号灯控制时序图如图 3-11 所示。

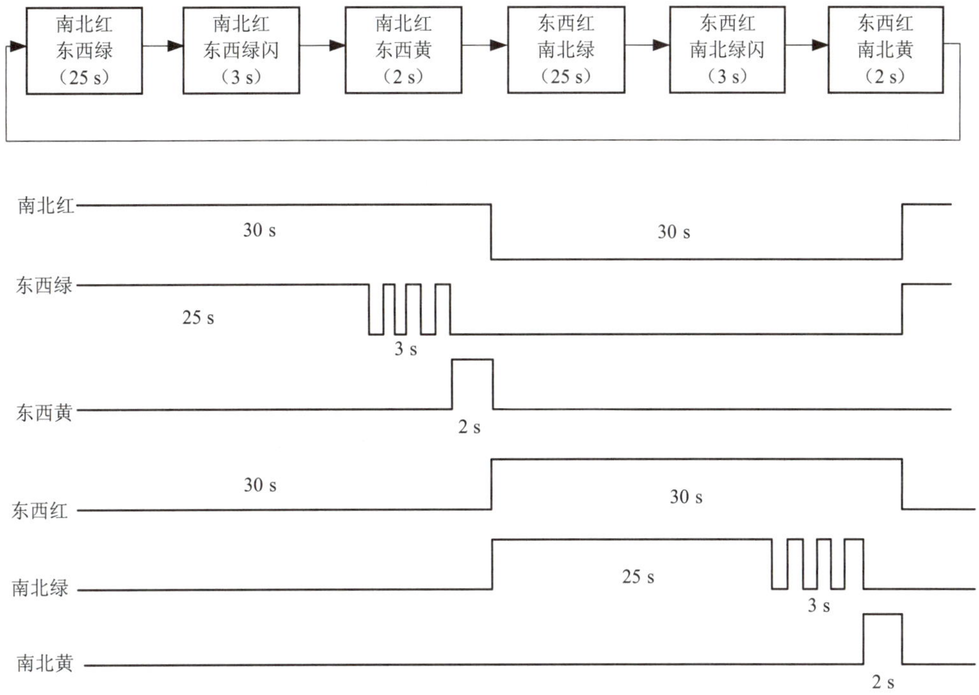

图 3-11 本任务十字路口交通信号灯控制时序图

1. 硬件设计

1)输入/输出地址分配

根据任务控制要求,输入/输出地址分配见表 3-1。

表 3-1 输入/输出地址分配表

输入/输出	元器件	地址
输入	启动按钮 SB1	I0.0
	停止按钮 SB2	I0.1
输出	东西红灯(东西红)	Q0.0
	东西绿灯(东西绿)	Q0.1
	东西黄灯(东西黄)	Q0.2
	南北红灯(南北红)	Q0.3
	南北绿灯(南北绿)	Q0.4
	南北黄灯(南北黄)	Q0.5

2)控制电路接线图

本任务中 CPU 选用 CPU 1215C DC/DC/DC,其输入回路和输出回路电压均为 24 V,其控制电路接线图如图 3-12 所示,按照先接电源线、后接信号线的顺序,完成 PLC 供电电源、输入信号、输出信号的接线。

注意:

(1)分清电源正负极并正确接线,其中正极用红色线,负极用黑色线;

(2)断电插拔线,安全第一。

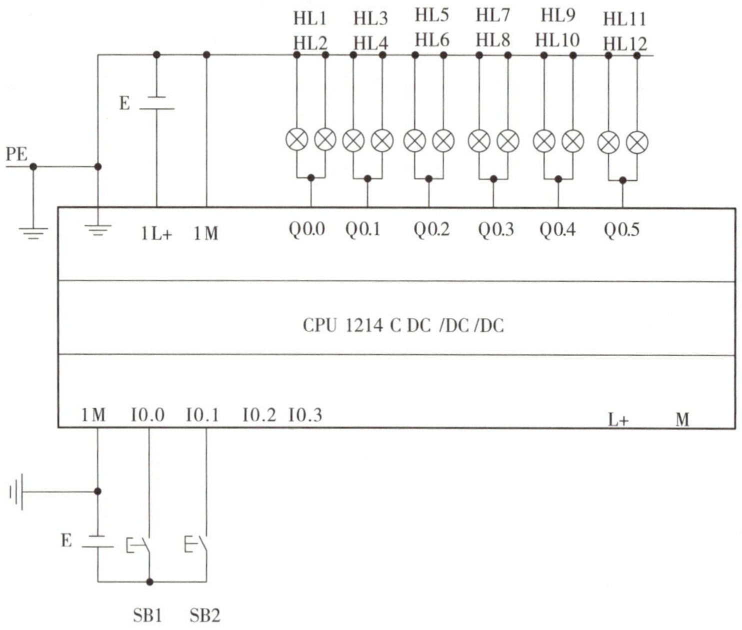

图 3-12　十字路口交通信号灯控制电路接线图

2. 软件设计

（1）PLC 硬件组态及时钟存储器的设置，如图 3-13 所示。

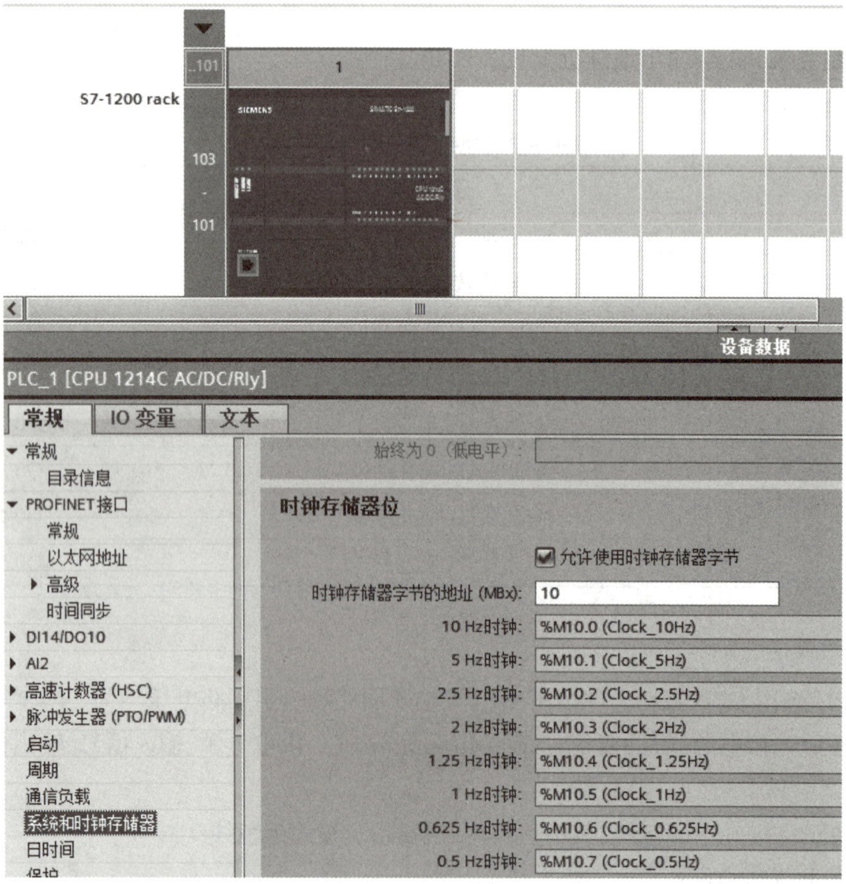

图 3-12　PLC 硬件组态及时钟存储器的设置

（2）PLC 变量表，如图 3-14 所示。

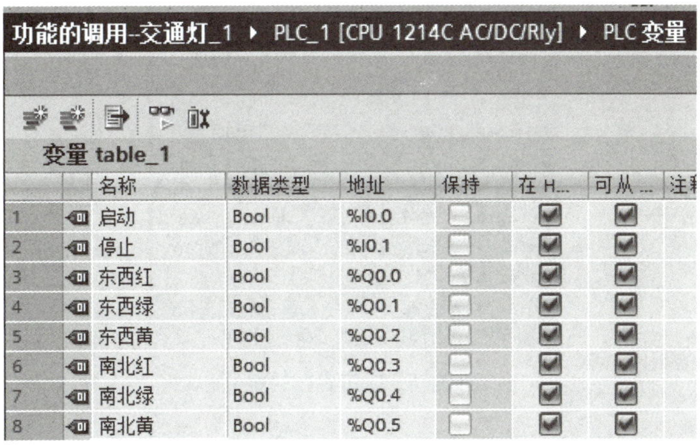
功能的调用-交通灯_1 ▸ PLC_1 [CPU 1214C AC/DC/Rly] ▸ PLC 变量

变量 table_1

	名称	数据类型	地址	保持	在 H...	可从 ...	注释
1	启动	Bool	%I0.0	☐	☑	☑	
2	停止	Bool	%I0.1	☐	☑	☑	
3	东西红	Bool	%Q0.0	☐	☑	☑	
4	东西绿	Bool	%Q0.1	☐	☑	☑	
5	东西黄	Bool	%Q0.2	☐	☑	☑	
6	南北红	Bool	%Q0.3	☐	☑	☑	
7	南北绿	Bool	%Q0.4	☐	☑	☑	
8	南北黄	Bool	%Q0.5	☐	☑	☑	

图 3-14　PLC 变量表

（3）红绿灯控制（FC1）的设计。在项目树的“程序块”下，单击“添加新块”，选择“函数 FC”，功能的符号名为“红绿灯控制”，如图 3-15、图 3-16 和图 3-17 所示。

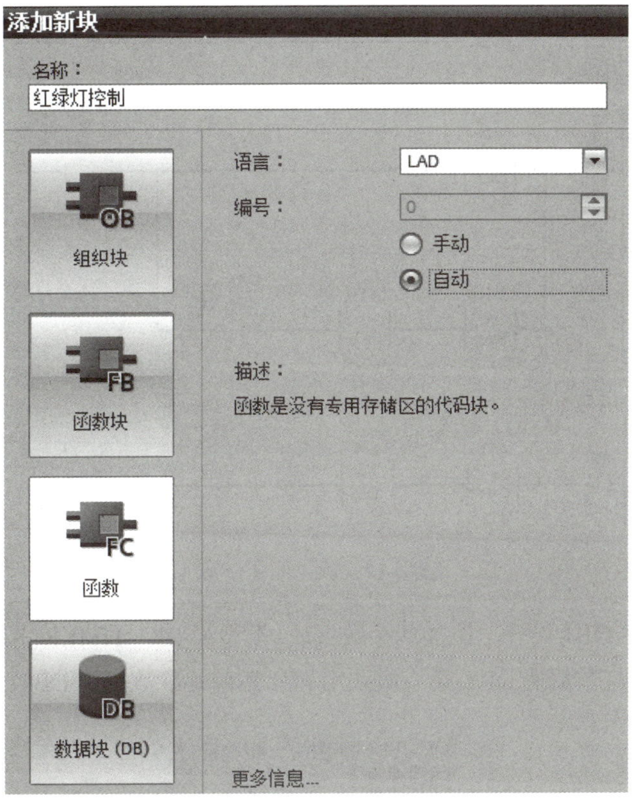

图 3-15　红绿灯控制（FC1）的设计

接口

	名称	数据类型
1	▼ Input	
2	ST	Bool
3	▼ Output	
4	R	Bool
5	G	Bool
6	Y	Bool
7	▼ InOut	
8	▸ TIMERDB	IEC_TIMER
9	▼ Temp	
10	T1	Time
11	▼ Return	
12	东绿灯控制	Void

图 3-16　接口参数的定义

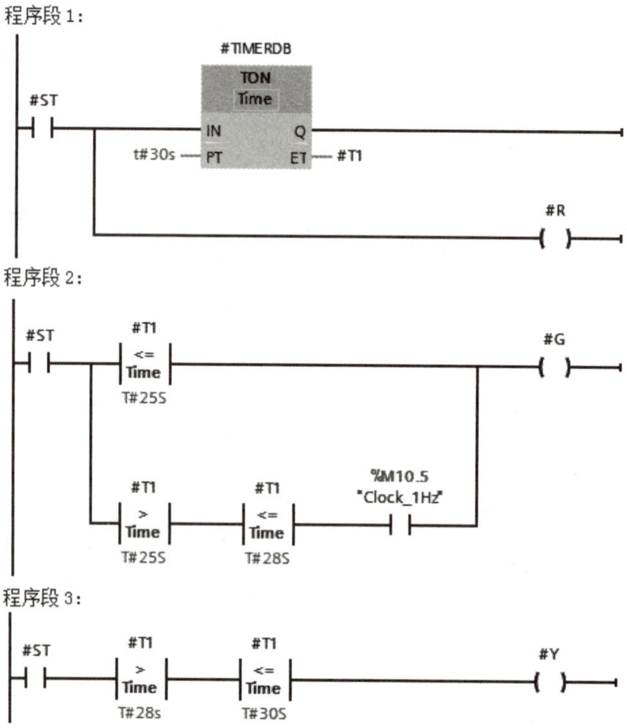

图 3-17　FC1 的梯形图

（4）红绿灯控制主程序 OB1 设计。添加两个数据块，类型为 IEC_TIMER，用于主程序对 FC1 的两次调用，第一次调用 FC1 用东西红数据块 DB1，第二次调用 FC1 用南北红数据块 DB3，如图 3-18 和图 3-19 所示。

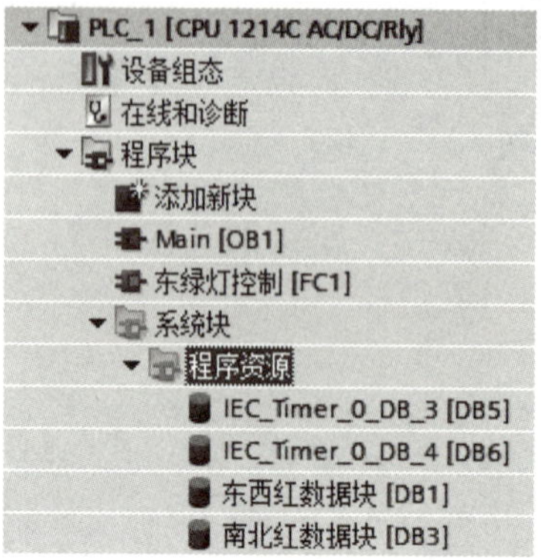

图 3-18　主程序 OB1 添加数据块

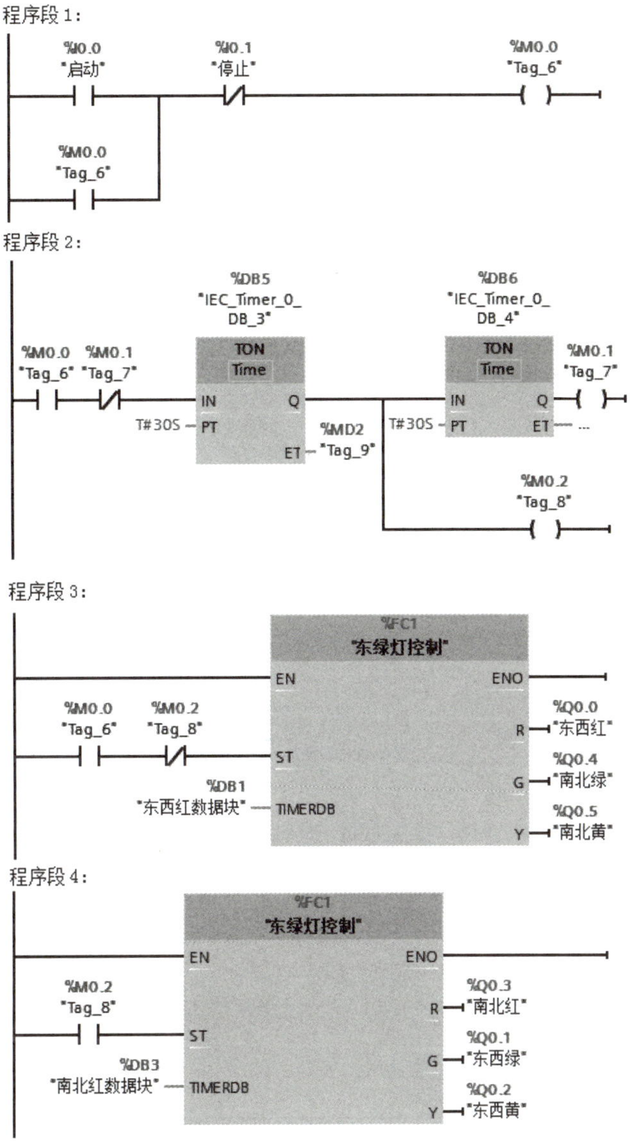

图 3-19 主程序 OB1 设计梯形图

任务拓展

在上述任务的基础上，将交通灯的控制要求做适当修改，具体描述如下：当按下启动按钮，信号灯开始工作，南北红灯点亮并维持 30 s，在此期间东西绿灯亮 25 s，东西绿灯闪烁 3 s，东西黄灯亮 2 s；然后东西红灯亮并维持 50 s，在此期间南北绿灯亮 45 s，南北绿灯闪烁 3 s，南北黄灯亮 2 s，如此循环。按下停止按钮，所有灯都熄灭，采用功能的调用完成设计。

由于东西方向和南北方向红灯和绿灯点亮的时间不同，因此在设计功能（红绿灯控制）时，红灯和绿灯点亮的时间不能直接写入功能中，必须引入接口参数，在 OB1 中调用功能时，再给接口参数赋值。

根据控制要求，输入/输出的地址分配、变量的定义和硬件电路与本任务设计没有改变，但红绿灯控制功能和主程序要做修改。

1）红绿灯控制功能设计

在接口参数中，增加了输入参数 T_RW，数据类型为 Time，表示当前方向红灯亮的时间；T_GW，数据类型为 Time，表示另一方向绿灯亮的时间。还增加了输入/输出参数 T_R，数据类型为 IEC_TIMER，表示当前方向红灯定时器；T_G，数据类型为 IEC_TIMER，表示另一方向绿灯定时器；T_GF，数据类型为 IEC_TIMER，表示另一方向绿灯闪定时器；T_Y，数据类型为 IEC_TIMER，表示另一方向黄灯定时器。红绿灯控制功能设计如图 3-20 所示，其梯形图如图 3-21 所示。

接口

	名称	数据类型	注释
1	▼ Input		
2	ST	Bool	当前方向红灯亮标志位
3	T_RW	Time	T_R定时器的设定值,表示当前方向方向红灯亮的时间
4	T_GW	Time	T_G定时器的设定值,表示另一方向绿灯亮的时间
5	▼ Output		
6	R	Bool	当前方向红灯亮
7	G	Bool	另一方向绿灯亮
8	Y	Bool	另一方向黄灯亮
9	▼ InOut		
10	▶ T_R	IEC_TIMER	当前方向红灯定时器
11	▶ T_G	IEC_TIMER	另一方向绿灯定时器
12	▶ T_GF	IEC_TIMER	另一方向绿灯闪定时器
13	▶ T_Y	IEC_TIMER	另一方向黄灯定时器
14	▼ Temp		
15	<新增>		
16	▼ Return		
17	东绿灯控制	Void	

图 3-20　红绿灯控制功能设计

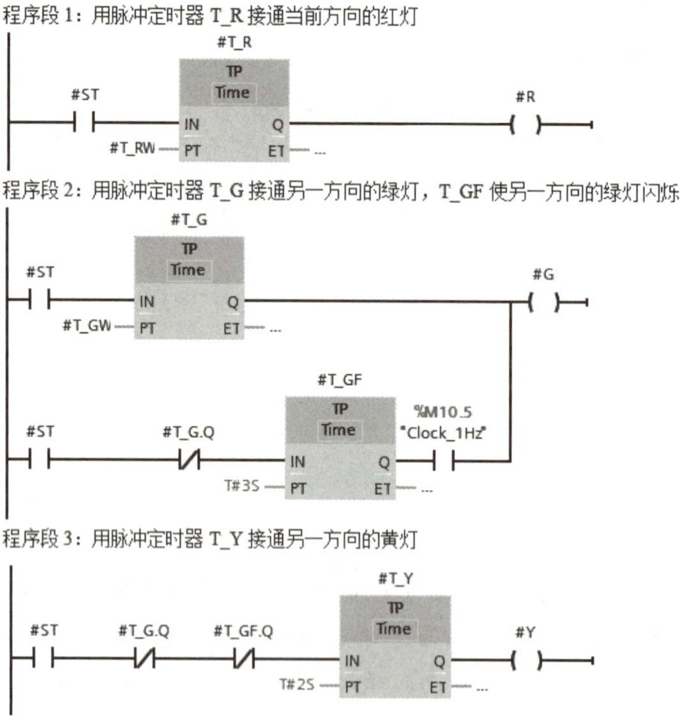

图 3-21　红绿灯控制功能设计梯形图

2）红绿灯控制主程序设计

主程序需要两次调用红绿灯控制功能，因此共要为 8 个定时器添加 IEC_TIMER 数据块：T_EW_R 为东西红数据块，T_EW_G 为东西绿数据块，T_EW_GF 东西绿闪数据块，T_EW_Y 为东西黄数据块；T_SN_R 为南北红数据块，T_SN_G 为南北绿数据块，T_SN_GF 为南北绿闪数据块，T_SN_Y 为南北黄数据块。红绿灯控制主程序设计如图 3-22 所示，其梯形图如图 3-23 所示。

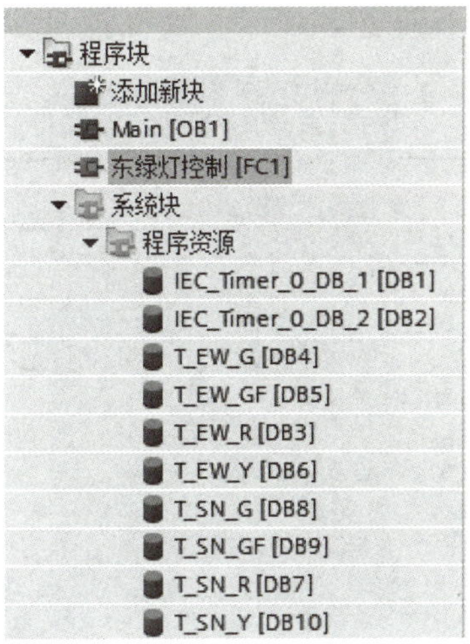

图 3-22 红绿灯控制主程序设计

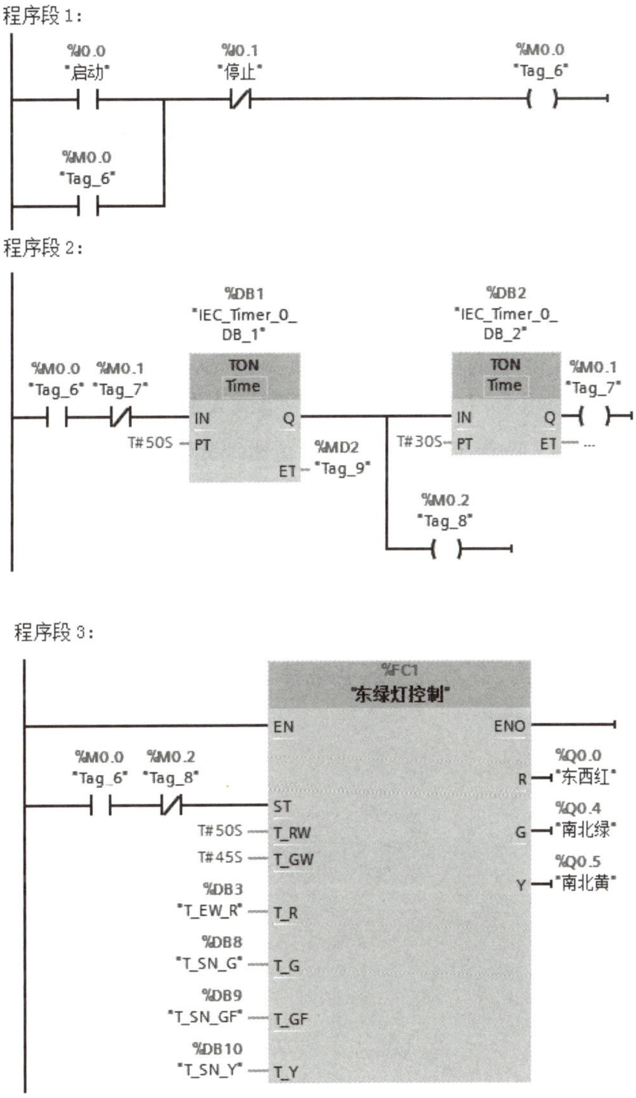

图 3-22 红绿灯控制主程序设计梯形图

程序段4:

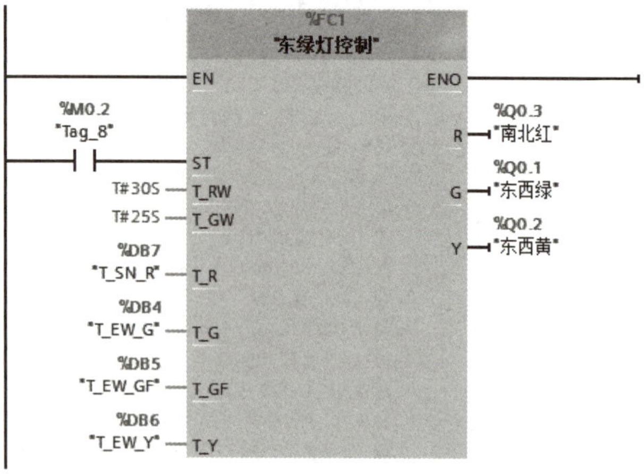

图 3-22　红绿灯控制主程序设计梯形图(续)

复习思考题

1. 要求设计一个三相异步电动机的星三角降压启动控制器,按下起动按钮,电动机星形启动,10s 后,电动机三角形正常运行。任何时候按下停止按钮,电动机立即停止。

2. 设计二层电梯控制程序,要求如下。

(1)(自动控制)上电后若检修开关 SA1 未接通,则运行/检修指示灯常亮,表示电梯自动运行正常,梯房延时 2 s 开始下降,至一楼位置开关 SQ1 时停止,一楼输出指示灯以 0.5 s 间隔闪烁。当二楼有人按下信号按钮 SB2 时,梯房上升,一楼输出指示灯熄灭,上升指示灯亮,梯房上升至二楼位置开关 SQ2 时停止,上升指示灯熄灭,二楼输出指示灯以 0.5 s 间隔闪烁。当一楼有人按下信号按钮 SB1 时,梯房下降,下降指示灯亮,梯房在下降至 SQ1 时停止,下降指示灯熄灭,一楼输出指示灯以 0.5 s 的间隔闪烁。

(2)(手动控制)当检修开关 SA1 接通时,电梯进入手动检修状态,此时运行/检修指示灯以 0.5 s 的间隔闪烁,表示现为手动检修状态。此时按 SB1、SB2 均无用,只有在按下 SB3 点动上升时,上升指示灯亮,上升电动机有输出;在按下 SB4 点动下降时,下降指示灯亮,下降电动机有输出。

设计要求如下:

(1)写出输入/输出地址分配情况,并画出控制电路接线图;

(2)编写梯形图程序,实现控制功能;

(3)调试并运行程序。

项目四

天塔之光和音乐喷泉控制

项目导入

在现代生活中，彩灯作为一种装饰，既可以增强人们的感观，起到广告宣传的作用，又可以增添节日气氛，为人们的生活增添亮丽，还可以用在舞台上增强晚会的灯光效果。随着科学技术的发展以及人民生活水平的提高，人们对彩灯的要求越来越高；另外，随着电子技术的发展，应用系统向着小型化、快速化、容量大、质量轻的方向发展，PLC 技术的应用引起了电子产品及系统开发的巨大变革。

在日常生活中，我们经常看到高层建筑的灯光秀，在 PLC 中称之为“天塔之光”，天塔灯光秀美轮美奂，展现了城市夜间光环境的独特魅力；音乐喷泉则将艺术、文化和科技融为一体，以其独特的音乐、灯光、水幕表演，吸引了众多游客的注目，成为城市的名片和重要的旅游资源。本项目以天塔之光装置和音乐喷泉装置为基础，根据不同的灯光闪烁要求，设计多种运行方式。

知识目标

- （1）了解 S7-1200 PLC 移位指令和循环移位指令及其应用。
- （2）了解移动指令的基本信息，并能正确使用。
- （3）掌握仿真软件在控制系统调试中的作用。

能力目标

- （1）能正确组态 S7-1200 PLC 时钟存储器。
- （2）能根据控制要求，完成天塔之光、音乐喷泉等系统的设计与调试。

素质目标

- （1）培养学生严谨认真的工作态度，强化安全意识。
- （2）强调规范意识和责任意识，提升逻辑思维能力。

任务一　天塔之光控制

一、任务描述

天塔之光实物图和实训装置图分别如图 4-1(a)和(b)所示,常见的控制方式有发射型、流水型和多模式灯光控制。本任务采用发射型控制,要求置位启动开关 SD 为 ON 时，L1 亮 1 s 后熄灭,接着 L2~L4 亮且 1 s 后熄灭,接着 L5~L8 亮且 1 s 后熄灭,接着 L1 又亮 1 s 后熄灭,如此循环;SD 为 OFF 时,所有灯熄灭。

(a)

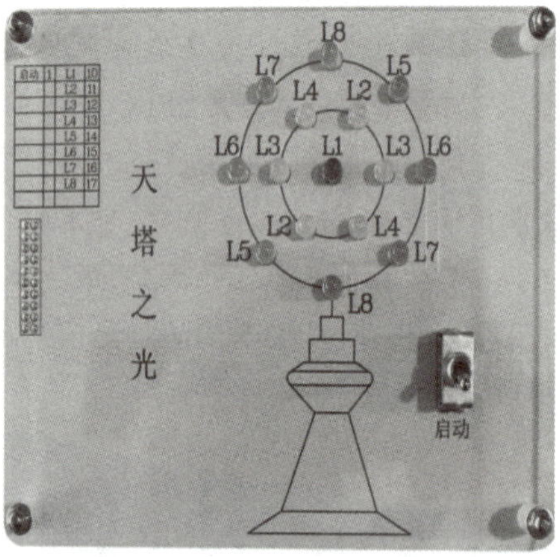

(b)

图 4-1　天塔之光

(a)实物图　(b)实训装置图

二、知识准备

1. 移动指令

移动指令用于将数据元素复制到新的存储器地址,并将其从一种数据类型转换为另一种数据类型,移动过程不会更改源数据,其符号如图 4-2 所示。

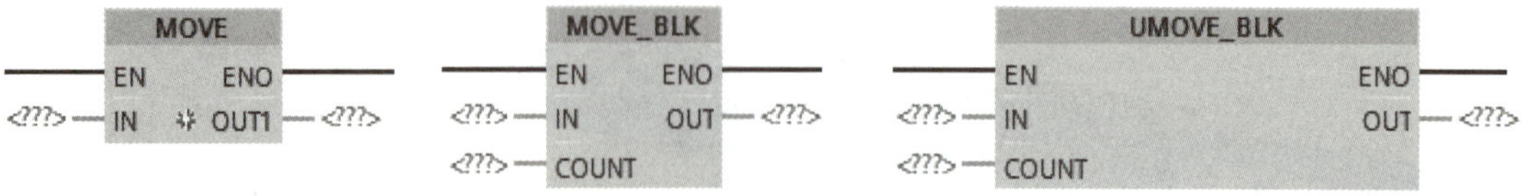

图 4-2　移动指令的符号

MOVE 指令(图 4-3)可将单个数据元素从 IN 参数指定的源地址复制到 OUT1 参数指定的目标地址;MOVE 指令的数据类型有 SInt、Int、DInt、USInt、UInt、UDInt、Real、LReal、Byte、Word、DWord、Char、Array、Struct、DTL、Time。

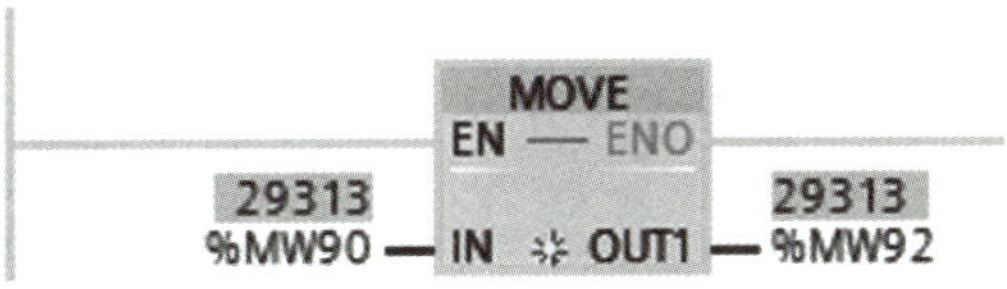

图 4-3　MOVE 指令

如果输入 IN 数据类型的位长度超出输出 OUT1 数据类型的位长度，则源值的高位会丢失。如果输入 IN 数据类型的位长度小于输出 OUT1 数据类型的位长度，目标值的高位会被改写为 0。

MOVE 指令允许有多个输出，单击“OUT1”前面的，将会增加一个输出，增加的输出的名称为 OUT2，以后增加的输出的编号按顺序排列。右击某个输出的短线，执行快捷菜单中的“删除”命令，即可删除该输出参数，然后自动调整剩下的输出的编号。

MOVE_BLK 指令将数据元素块复制到新地址的可中断移动，在 MOVE_BLK 指令执行期间排队并处理中断事件。当中断组织块子程序中未使用移动目标地址的数据，或者虽然使用了该数据，但目标数据不必一致时，可使用 MOVE_BLK 指令。如果 MOVE_BLK 指令的执行中断，则最后移动的一个数据元素在目标地址中是完整并且一致的。MOVE_BLK 指令会在中断组织块子程序执行完成后继续执行。

UMOVE_BLK 指令将数据元素块复制到新地址的不可中断移动，在 UMOVE_BLK 指令执行完成前排队但不处理中断事件。如果在执行中断组织块子程序前移动操作必须完成且目标数据必须一致，则应使用 UMOVE_BLK 指令。

MOVE_BLK 指令和 UMOVE_BLK 指令具有附加的 COUNT 参数，用于指定要复制的数据元素个数。每个被复制元素的字节数取决于 PLC 变量表中分配给 IN 和 OUT 的数据类型。

MOVE_BLK 指令和 UMOVE_BLK 指令的 IN、OUT 的数据类型有 SInt、Int、DInt、USInt、UInt、UDInt、Real、Byte、Word、DWord；COUNT 的数据类型为 UInt。

2. 移位指令

移位指令包括左移（SHL）指令和右移（SHR）指令，用于将输入单元 IN 的值左移或右移 N 位，移位的结果保存到 OUT 单元中。对于无符号数，移位后空出位填 0；对于有符号数，左移后空出位填 0，右移后空出位为符号位，正数的符号位为 0，负数的符号位为 1。移位指令的数据类型包括 SInt、Int、DInt、USInt、UInt、UDInt、Word、DWord、Byte。移位指令在博途软件中的位置如图 4-4 所示，其符号及数据类型如图 4-5 所示。

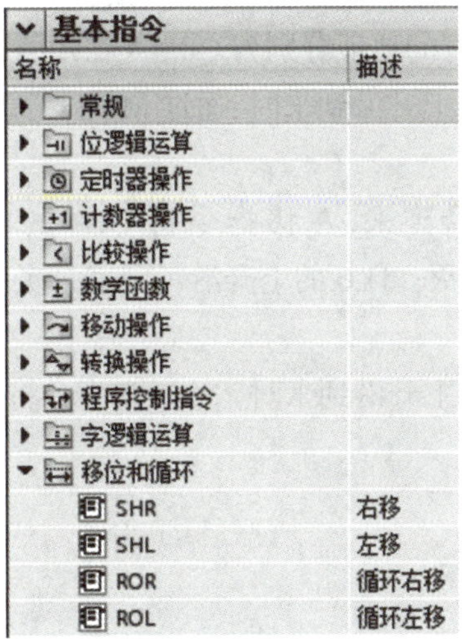

图 4-4　移位指令的位置

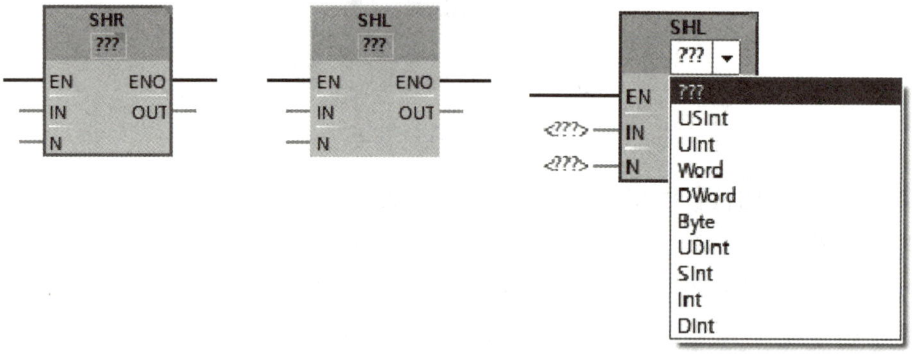

图 4-5 移位指令的符号及数据类型

移位指令的 IN、OUT 的数据类型为 Byte、Word、DWord，N 的数据类型为 UInt。

如果 N 为 0，则不进行移位，并将 IN 值分配给 OUT；如果 N 超过目标值中的位数(Byte 为 8 位、Word 为 16 位、DWord 为 32 位)，则所有原始位值将被移出并用 0 代替(将 0 分配给 OUT)，对于移位操作，ENO 总是为 TRUE。

如图 4-6 所示，将十进制数-200 对应的二进制数 2#1111111100111000 右移 2 位后，最右侧两位丢失，最左侧两位空出来，用符号位填充，即用最高位 1 填充，所以右移后的二进制数是 2#1111111111001110，对应的二进制数是-50。

图 4-6 移位指令数据的右移

3. 应用举例

控制要求：按下启动按钮 I0.0 时，第一盏灯亮；第一次按下控制移位按钮 I1.0 时，第二盏灯亮，第一盏灯灭；第二次按下 I1.0 时，第三盏灯亮，第二盏灯灭……第七次按下 I1.0 时，第八盏灯亮，第七盏灯灭。按下停止按钮 I0.1 时，8 盏灯全部熄灭。8 盏灯的地址分别为 Q0.0~Q0.7。其梯形图如图 4-7 所示。

在程序段 1 中，当启动按钮 I0.0 的上升沿到来时，通过 MOVE 指令将 1 存储到 QB0，QB0 各位的状态为 00 000 001，第一盏灯点亮。

在程序段 2 中，当 I1.0 的上升沿到来，左移指令将 QB0 的状态左移 1 位，QB0 各位的状态为 00 000 010，第二盏灯点亮，第一盏灯熄灭。I1.0 的上升沿每到来一次，QB0 的数据将左移 1 位，这样就可以依次点亮第三、四、五、六、七、八盏灯。

在程序段 3 中，当停止按钮 I0.1 的上升沿到来时，MOVE 指令将 0 移动到 QB0，QB0 各位均为 0，所有灯均熄灭。

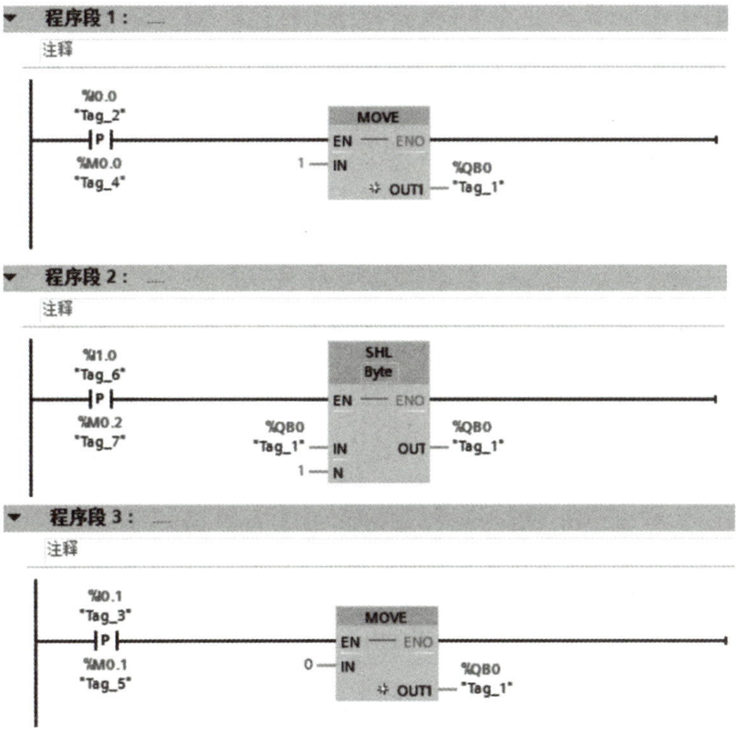

图 4-7　8 盏灯依次点亮梯形图

三、任务实施

1. 硬件设计

1)输入/输出地址分配

根据任务控制要求，启动开关 SD 接 I0.0，输出指示灯 LED1~LED8 依次接 Q0.0~Q0.7，输入/输出地址分配见表 4-1。

表 4-1　输入/输出地址分配表

输入/输出	元器件	地址
输入	启动开关 SD	I0.0
输出	指示灯 LED1	Q0.0
	指示灯 LED2	Q0.1
	指示灯 LED3	Q0.2
	指示灯 LED4	Q0.3
	指示灯 LED5	Q0.4
输出	指示灯 LED6	Q0.5
	指示灯 LED7	Q0.6
	指示灯 LED8	Q0.7

2)控制电路接线图

发射型灯光控制电路接线图如图 4-8 所示。其中,输入、输出部分都采用外接直流电源,接线时要注意区分电源正负极。

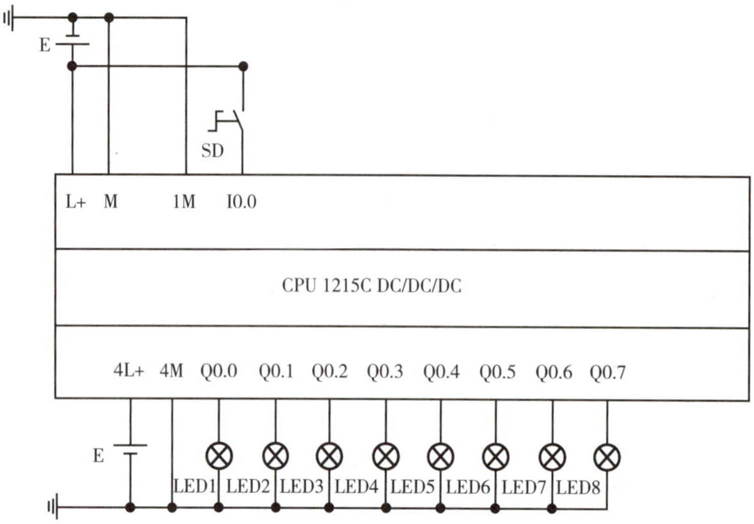

图 4-8　发射型灯光控制电路接线图

2. 软件设计

1)PLC 变量的定义

根据输入/输出地址分配,PLC 变量的定义如图 4-9 所示。

PLC 变量

	名称	变量表	数据类型	地址	保持	从 H...	从 H...	在 H...	注释
1	启动开关SD	默认变量表	Bool	%I0.0	☐	☑	☑	☑	
2	指示灯LED1	默认变量表	Bool	%Q0.0	☐	☑	☑	☑	
3	指示灯LED2	默认变量表	Bool	%Q0.1	☐	☑	☑	☑	
4	指示灯LED3	默认变量表	Bool	%Q0.2	☐	☑	☑	☑	
5	指示灯LED4	默认变量表	Bool	%Q0.3	☐	☑	☑	☑	
6	指示灯LED5	默认变量表	Bool	%Q0.4	☐	☑	☑	☑	
7	指示灯LED6	默认变量表	Bool	%Q0.5	☐	☑	☑	☑	
8	指示灯LED7	默认变量表	Bool	%Q0.6	☐	☑	☑	☑	
9	指示灯LED8	默认变量表	Bool	%Q0.7	☐	☑	☑	☑	

图 4-9　PLC 变量的定义

2)梯形图的设计

规律与节拍直接影响灯光闪烁的速度、方式和风格,也会影响灯光的观赏性,系统设计时需要关注以下几点:

(1)准确组态时钟存储器;

(2)依据控制要求实现逻辑功能;

(3)在有节律的基础上凸显观赏性。

在 PLC 的设备视图中的 CPU 的"属性"项中,可以设置时钟存储器,并可以修改时钟存储器字节的地址,默认的时钟存储器的地址为 MB0,本任务中时钟存储器字节的地址选为"MB100",如图 4-10 所示。

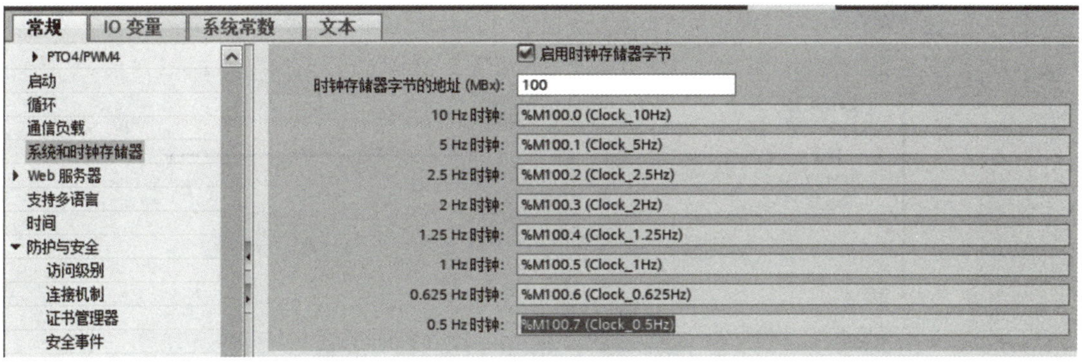

图 4-10　时钟存储器设置

时钟存储器字节中的每一位都可生成方波脉冲，时钟存储器字节提供了 8 种不同的频率，其范围为 0.5~10Hz。这些位可作为控制位（尤其在与边沿指令结合使用时），用于在用户程序中周期性触发动作。CPU 在从 STOP 模式切换到 STARTUP 模式时初始化这些字节。时钟存储器字节各位在 STARTUP 和 RUN 模式下会随 CPU 时钟同步变化。时钟存储器字节各位对应的时钟周期与频率见表 4-2。

表 4-2　时钟存储器字节各位对应的时钟周期与频率

位	7	6	5	4	3	2	1	0
周期/s	2	1.6	1	0.8	0.5	0.4	0.2	0.1
频率/Hz	0.5	0.625	1	1.25	2	2.5	5	10

天塔之光梯形图如图 4-11 所示。在程序段 1 中，启动开关 SD 置位，M0.0 得电为 1。在程序段 2 中，M100.5 每个上升沿到来时，MB0 左移一位，实现点亮 1 s 后熄灭的控制要求。在程序段 3 中，当 M0.0 为 1 时，Q0.0 为 1，即 L1 点亮 1 s。在程序段 4 中，当 M0.1 为 1 时，Q0.1~Q0.3 为 1，即 L2~L4 点亮 1 s。在程序段 5 中，当 M0.2 为 1 时，Q0.4~Q0.7 为 1，即 L5~L8 点亮 1 s。在程序段 6 中，当 M0.3 为 1 时，MB0 右移 3 位，即使能 M0.0 为 1，进入第二个循环。在程序段 7 中，关闭启动开关 SD，将 0 赋值给 MB0，即 MB0 各个位都为 0，全部灯熄灭。

图 4-11　天塔之光梯形图

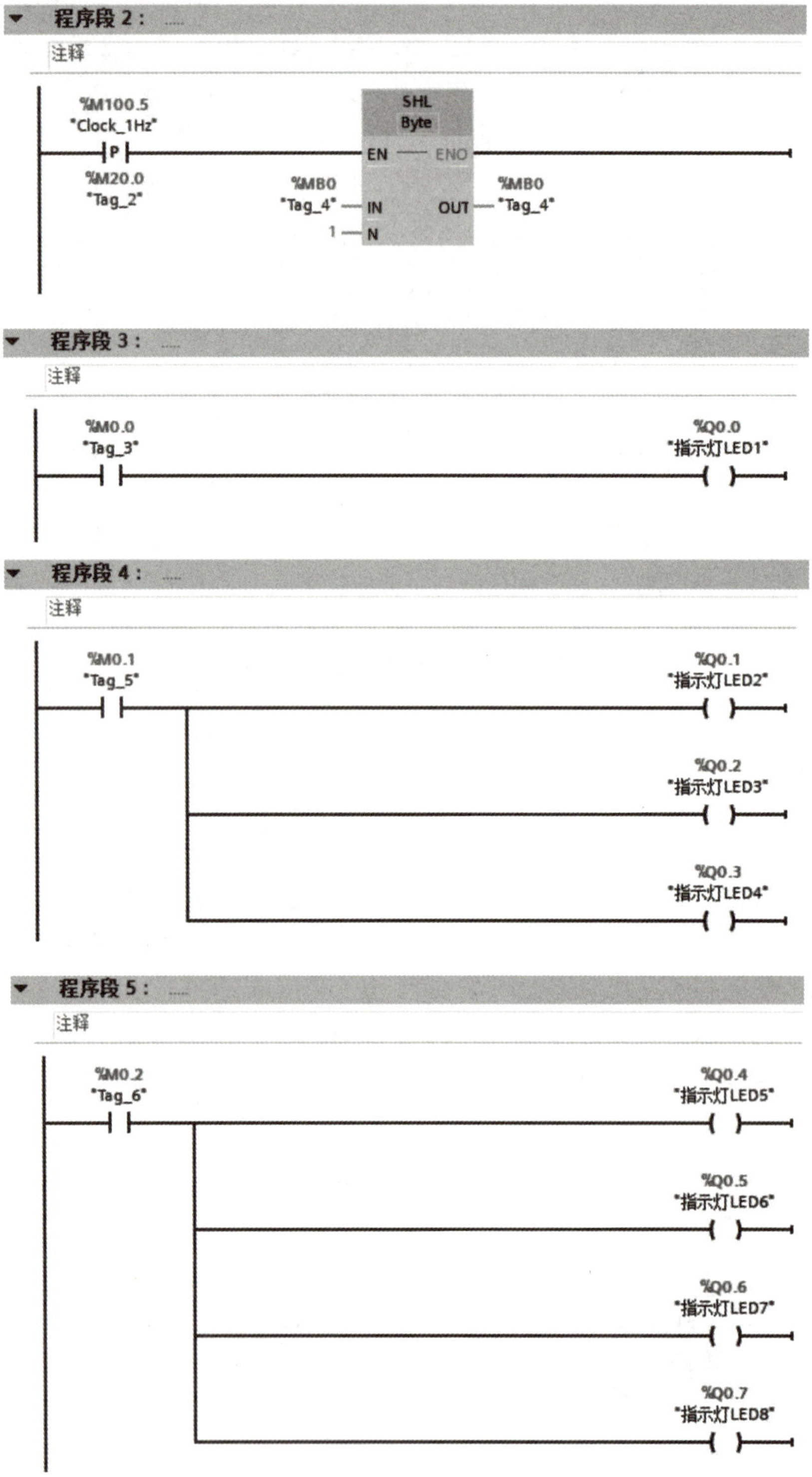

图 4-11　天塔之光梯形图(续)

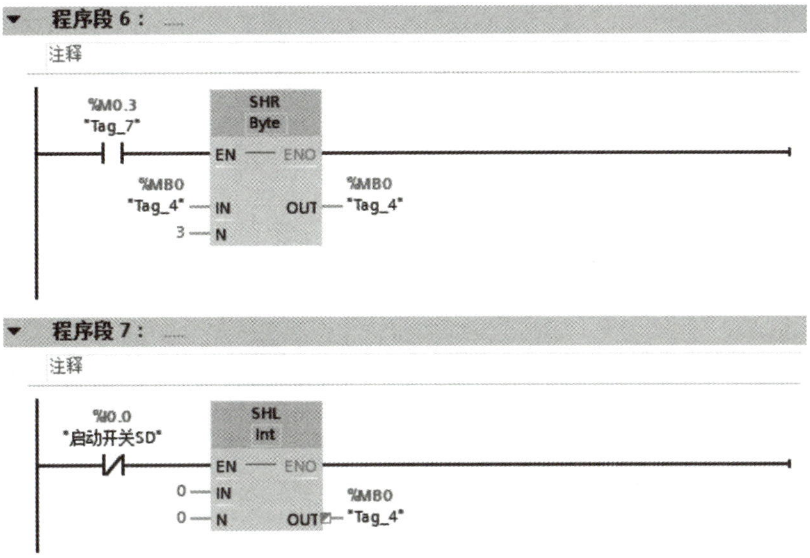

图 4-11　天塔之光梯形图(续)

3. 程序调试运行

项目二介绍了使用程序状态监控功能对程序进行调试的方法，这种调试方法形象、直观，触点和线圈的通断状态直观、明了，但由于受屏幕大小的限制，只能观察局部程序的运行情况，本任务介绍使用监控表进行变量监视、修改的方法。监控表可以监视、修改全部或部分变量，可以为一个项目生成多个监控表。

监控表可以操作的变量存储器有过程映像寄存器(I 和 Q)、物理输入/输出(I_P、I_Q)位存储器(M)和数据块存储器(DB)。

监控表具有监视变量的当前值、修改变量的值的功能，在 STOP 模式下可以给物理输入点或输出点赋一个固定值。

1)监视变量

Ⅰ. 生成监控表

在项目树中展开“监控与强制表”，双击“添加新监控表”，生成名为“监控表_1”的监控表，如图 4-12 所示；在“监控表_1”的监控表中输入需要监视的变量，可以为一个项目生成多个监控表，以满足不同的调试要求，一般将有关联的变量放在同一个监控表内，如图 4-13 所示。

在监控表中添加变量有 3 种方法：一是直接在“名称”栏中输入变量名称，变量的绝对地址就会自动出现在“地址”栏；二是直接在“地址”栏中输入绝对地址，变量的名称就会出现在“名称”栏；三是直接双击打开项目树中的“PLC 变量”，选中部分或全部需要的变量并右击，在弹出的快捷菜单中选择“复制”命令，将选中的变量复制到剪贴板，然后在监控表的空白行右击，在弹出的快捷菜单中选择“粘贴”命令，即可将 PLC 变量复制到监控表中。

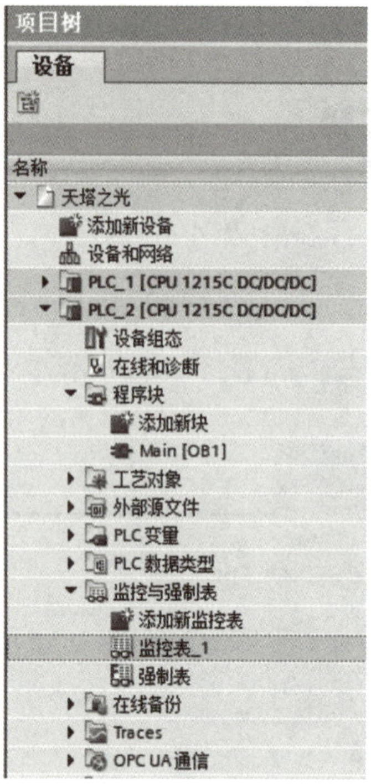

图 4-12　新建监控表

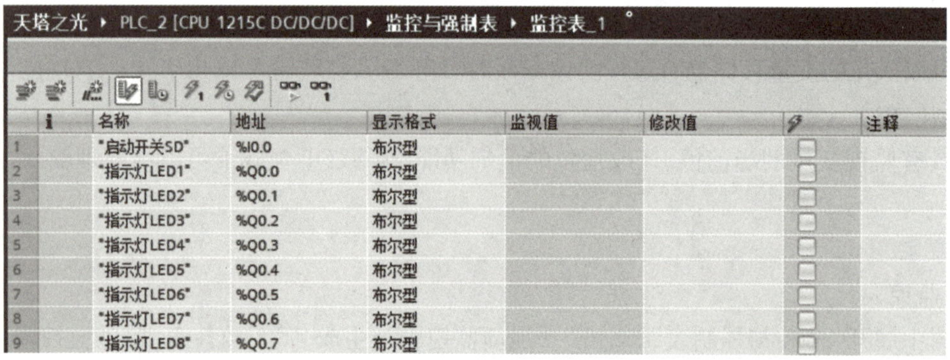

图 4-13　在监控表中添加变量

Ⅱ. 保存并下载

在项目树中选择 PLC，保存项目，建立计算机与 PLC 的联系，将程序下载到 PLC 中，并将 PLC 切换到 RUN 模式。

监视变量，将 PLC 由离线转至在线，若无错误，项目树的 PLC 处出现绿色打钩的框，下面的每一栏中出现绿色小圆圈，表示软硬件无错误，在线和离线配置一致。单击工具栏中的“启用/禁用监视”按钮，在“监视值”列连续显示变量的动态值。如图 4-14 所示，当置位启动开关后，各指示灯按照预先设置的规律开始闪烁。

工具栏中的按钮用于对所选中的变量进行立即一次性修改，其主要用于在 STOP 模式下监视或修改变量。

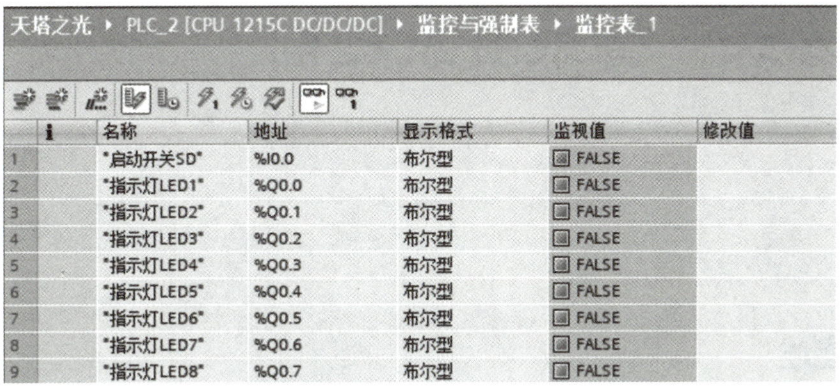
天塔之光 ▸ PLC_2 [CPU 1215C DC/DC/DC] ▸ 监控与强制表 ▸ 监控表_1

	i	名称	地址	显示格式	监视值	修改值
1		"启动开关SD"	%I0.0	布尔型	FALSE	
2		"指示灯LED1"	%Q0.0	布尔型	FALSE	
3		"指示灯LED2"	%Q0.1	布尔型	FALSE	
4		"指示灯LED3"	%Q0.2	布尔型	FALSE	
5		"指示灯LED4"	%Q0.3	布尔型	FALSE	
6		"指示灯LED5"	%Q0.4	布尔型	FALSE	
7		"指示灯LED6"	%Q0.5	布尔型	FALSE	
8		"指示灯LED7"	%Q0.6	布尔型	FALSE	
9		"指示灯LED8"	%Q0.7	布尔型	FALSE	

图 4-14　监视程序的执行

2)修改变量

工具栏中各个按钮的作用如下。

1):显示或隐藏监控表中的修改值,在显示修改值的状态下,将要修改的变量值写入“修改值”列。当在 RUN 模式下修改变量时,各变量同时受用户程序的控制,用监控表不能改变 Q 输出的值,也不能改变输入过程映像寄存器的状态。它们的状态值取决于外部输入/输出电路的通断状态。

2):显示或隐藏高级设置,若显示高级设置,则可以显示使用触发器监视和使用触发器修改。

3):立即一次性修改,将修改值立即一次性写入 CPU。

4):使用触发器修改,在定义的用户程序的触发点修改所有选中的变量。触发器用来设置在循环中的何时来监视或修改选中的变量,可以选择在扫描周期的开始、扫描周期的结束或从 RUN 模式切换到 STOP 模式时监视或修改变量的值。

使用监控表或使用触发器修改变量的方式有以下几种。

①永久,连续采集数据。

②永久,在扫描周期开始,CPU 读取输入值之后连续采集数据。

③仅一次,在扫描周期开始,CPU 读取输入值之后采集一次数据。

④永久,在扫描周期结束,CPU 写输出值之前连续采集数据。

⑤仅一次,在扫描周期结束,CPU 写输出值之前采集一次数据。

⑥永久,在从 RUN 模式切换到 STOP 模式时,连续采集数据。

⑦仅一次,在从 RUN 模式切换到 STOP 模式时,采集一次数据。

如果要修改输出点的值,一般在扫描周期结束,CPU 写输出值之前进行。如果要修改输入点的值,一般在扫描周期开始,CPU 读取输入值之后进行。

5):启用外围设备输出功能,会使输出禁用。

任务二　音乐喷泉控制

一、任务描述

在当今的城市景观设计中，音乐喷泉已成为一种非常流行的装置形式。在音乐的指挥下，水流的变化和舞动呈现出一种极其美妙的视觉盛宴。PLC 音乐喷泉控制设计的原理是首先将音乐信号转换成电信号，然后通过 PLC 来控制喷泉的抛洒和变化。

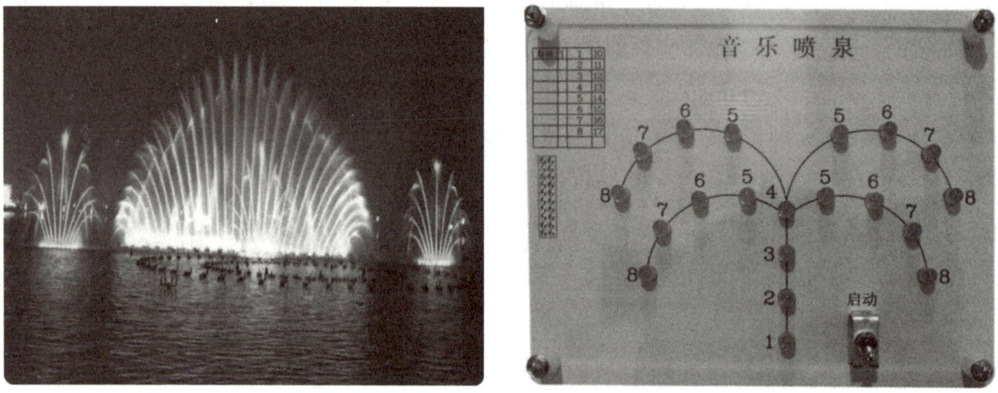

（a）　　（b）

图 4-15　音乐喷泉

（a）实物图　（b）实训装置图

音乐喷泉实物图和实训装置图分别如图 4-15（a）和（b）所示，要求置位启动开关 SD 为 ON 时，LED 指示灯依次循环显示 1→2→3→…→8→1、2→3、4→5、6→7、8→1、2、3→4、5、6→7、8→1→2……，模拟当前喷泉“水流”状态；当置位启动开关 SD 为 OFF 时，LED 指示灯停止显示，系统停止工作。

二、知识准备

1. 循环移位指令

循环移位指令包括循环左移（ROL）指令和循环右移（ROR）指令，用于将参数 IN 的位序列循环左移或右移，结果分配给 OUT，N 表示要循环移位的位数。循环移位指令的数据类型包括 Word、DWord、Byte。循环移位指令的符号及数据类型如图 4-16 所示。

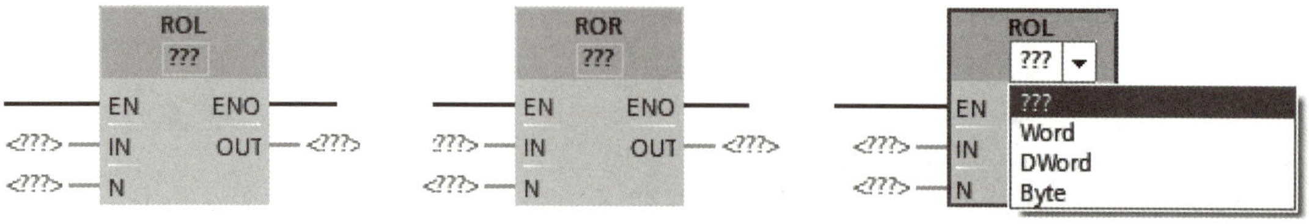

图 4-16　循环移位指令的符号及数据类型

以 Word 数据类型的 ROR 指令为例，输入 MW0 为 0100000000000001：第一次执行指令，循环右移 1 位，输出 MW2 的值为 1010000000000000；第二次执行指令，循环右移 1 位，输出 MW2 的值为 0101000000000000；第三次执行指令，循环右移 1 位，输出 MW2 的值为 0010100000000000；第四次执行指令，循环右移 1 位，输出 MW2 的值为 0001010000000000。

如果 N 为 0，则不进行循环移位，并将 IN 值分配给 OUT，从目标值一侧循环移出的位将循环移到目标值的另一侧，因此原始位值不会丢失；如果 N 超过目标值中的位数（Byte 为 8 位、Word 为 16 位、DWord 为 32 位），则进行循环移位，执行循环移位指令之后，ENO 始终为 TRUE。

2. 应用举例

当选择开关 SA 为高电平时，八盏彩灯逐位左移；当选择开关 SA 为低电平时，八盏彩灯逐位右移。程序段 1，M1.0 是系统存储器，初始扫描为 1，起初始化作用，给 MB2 和 MB3 赋初始值，分别表示循环左移和循环右移的初值；程序段 2，根据选择开关的值，选择是循环左移还是循环右移，其中 MB0 为时钟存储器，M0.7 为 0.5 Hz 的时钟信号；程序段 3、程序段 4 输出。其梯形图如图 4-17 所示。

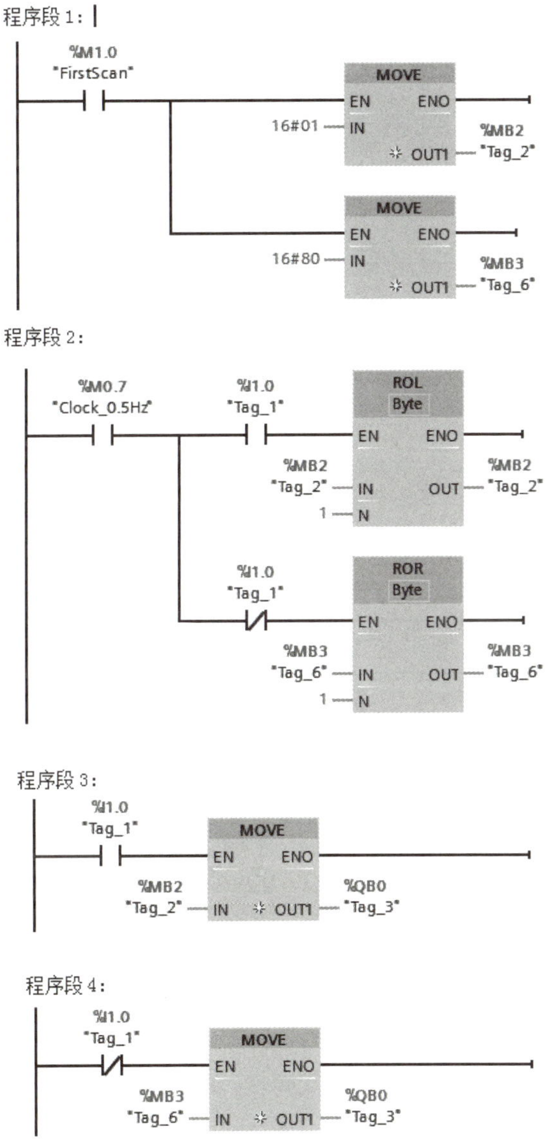

图 4-17　八盏彩灯控制梯形图

三、任务实施

1. 硬件设计

1)输入/输出地址分配

根据任务控制要求，启动开关 SD 接 I0.0，输出指示灯 LED1~LED8 分别接 Q0.0~Q0.7，输入/输出地址分配见表 4-3。

表 4-3　输入/输出地址分配表

输入/输出	元器件	地址
输入	启动开关 SD	I0.0
输出	指示灯 LED1	Q0.0
	指示灯 LED2	Q0.1
	指示灯 LED3	Q0.2
	指示灯 LED4	Q0.3
	指示灯 LED5	Q0.4
	指示灯 LED6	Q0.5
	指示灯 LED7	Q0.6
	指示灯 LED8	Q0.7

2)控制电路接线图

音乐喷泉控制电路接线图如图 4-18 所示。

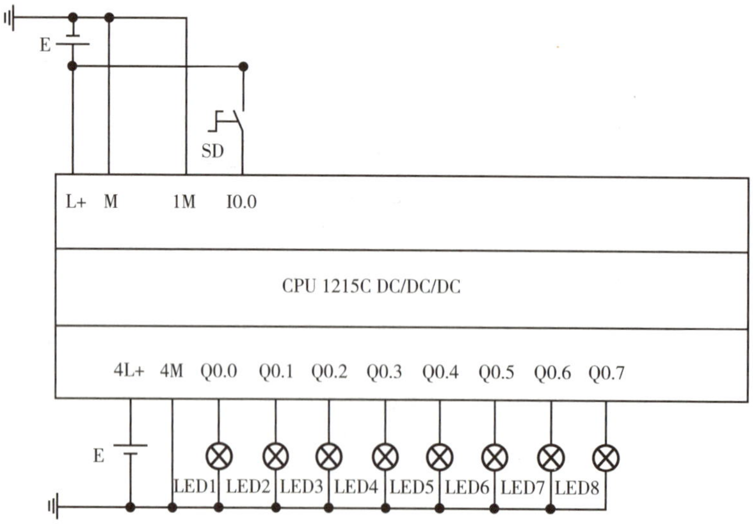

图 4-18　音乐喷泉控制电路接线图

2. 软件设计

1)PLC 变量的定义

根据输入/输出地址分配，PLC 变量的定义如图 4-19 所示。

PLC 变量

		名称	变量表	数据类型	地址	保持	从 H...	从 H...	在 H...	注释
1	◀	启动开关SD	默认变量表	Bool	%I0.0	☐	☑	☑	☑	
2	◀	指示灯LED1	默认变量表	Bool	%Q0.0	☐	☑	☑	☑	
3	◀	指示灯LED2	默认变量表	Bool	%Q0.1	☐	☑	☑	☑	
4	◀	指示灯LED3	默认变量表	Bool	%Q0.2	☐	☑	☑	☑	
5	◀	指示灯LED4	默认变量表	Bool	%Q0.3	☐	☑	☑	☑	
6	◀	指示灯LED5	默认变量表	Bool	%Q0.4	☐	☑	☑	☑	
7	◀	指示灯LED6	默认变量表	Bool	%Q0.5	☐	☑	☑	☑	
8	◀	指示灯LED7	默认变量表	Bool	%Q0.6	☐	☑	☑	☑	
9	◀	指示灯LED8	默认变量表	Bool	%Q0.7	☐	☑	☑	☑	

图 4-19　PLC 变量的定义

2)梯形图的设计

工业控制中,设备运行的可靠性是保障生产效率的关键,系统设计时要准确进行时钟组态,注意逻辑编排控制,兼顾可靠性。本任务采用 MB100 为时钟存储器字节的地址。

音乐喷泉梯形图如图 4-20 所示。在程序段 1 中,启动开关 SD 置位,将 1 赋值给 MW10 和 MB0,MW10 最低位为 1,为循环移位做好准备, M0.0 为 1 表示一位移动。在程序段 2 中,当 M0.0 为 1 时,M100.5 每个上升沿到来时, MW10 左移一位,实现点亮 1 s 后熄灭的控制要求,即 LED1 → LED8 各灯分别点亮 1 s,同时启动 8 s 定时器。在程序段 3 中,当 8 s 定时时间到, IEC_Timer_0_DB 为 1 时,复位 M0.0,置位 M0.1,同时将 3 赋值给 MW10,为两位移动做好准备。在程序段 4 中,当 M0.1 为 1 时, M100.5 每个上升沿到来时, MW10 左移两位,实现每两个灯点亮 1 s 后熄灭的控制要求,即按照 LED1、LED2 → LED3、LED4 → LED5、LED6 → LED7、LED8 的顺序分别点亮 1 s,同时启动 4 s 定时器。在程序段 5 中,当 4 s 定时时间到, IEC_Timer_0_DB_1 为 1 时,复位 M0.1,置位 M0.2,同时将 7 赋值给 MW10,为 3 位移动做好准备。在程序段 6 中,当 M0.2 为 1 时,M100.5 每个上升沿到来时,MW10 左移 3 位,实现每三个灯点亮 1 s 后熄灭的控制要求,即按照 LED1、LED2、LED3 → LED4、LED5、LED6 → LED7、LED8 的顺序分别点亮 1 s,同时启动 3 s 定时器。在程序段 7 中,当 3 s 定时时间到, IEC_Timer_0_DB_2 为 1 时,复位 M0.2,置位 M0.0,同时将 1 赋值给 MW10,为下一轮循环移位做好准备。在程序段 8 中,按下停止按钮,将 0 赋值给 MW10 和 MB0,即 MB0 各个位都为 0,全部灯熄灭。在程序段 9 中,将 MB11 赋值给 QB0, Q0.0~Q0.7 分别代表了 LED1~LED8 各指示灯的状态。

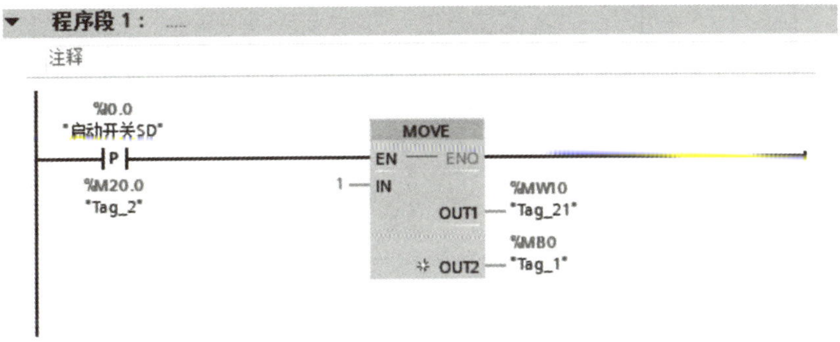

图 4-20　音乐喷泉梯形图

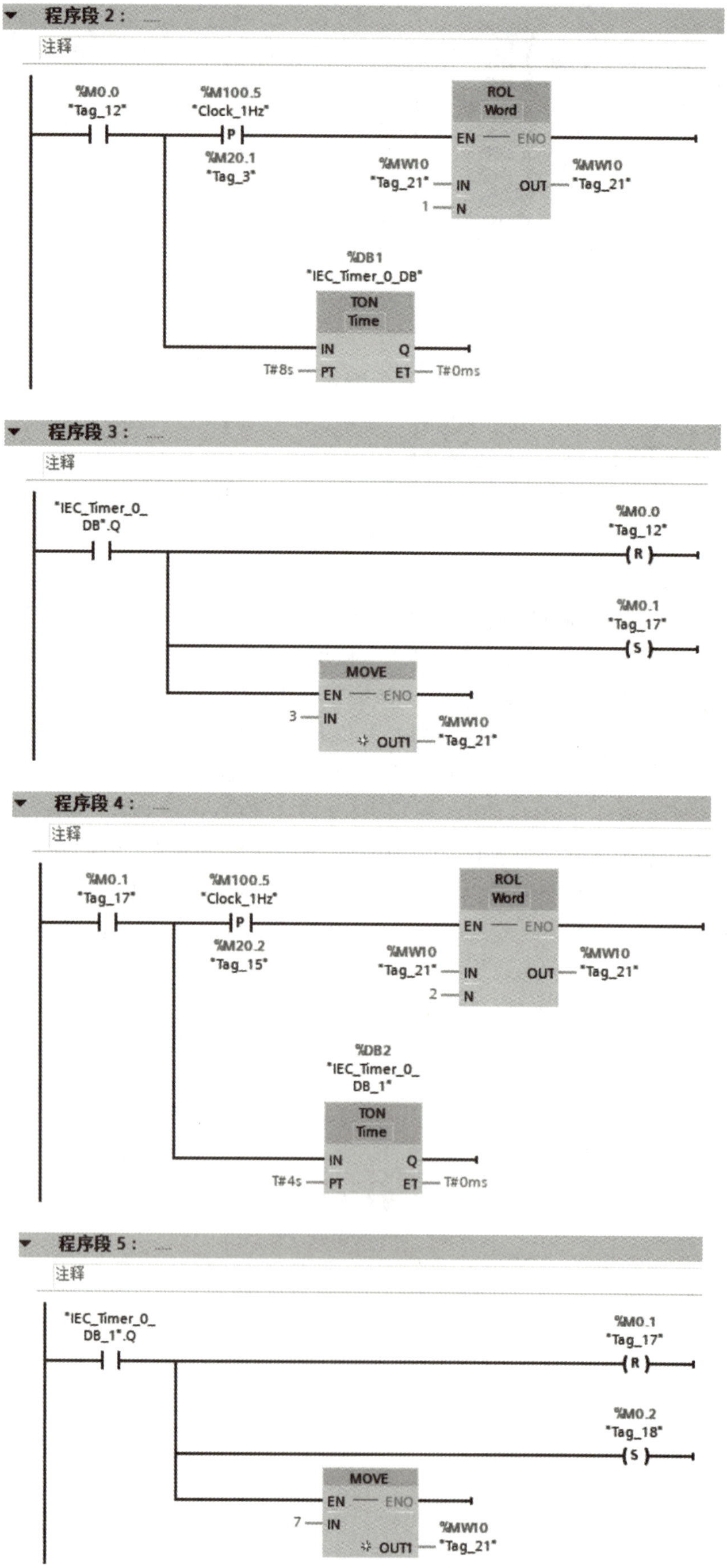

图 4-20 音乐喷泉梯形图（续）

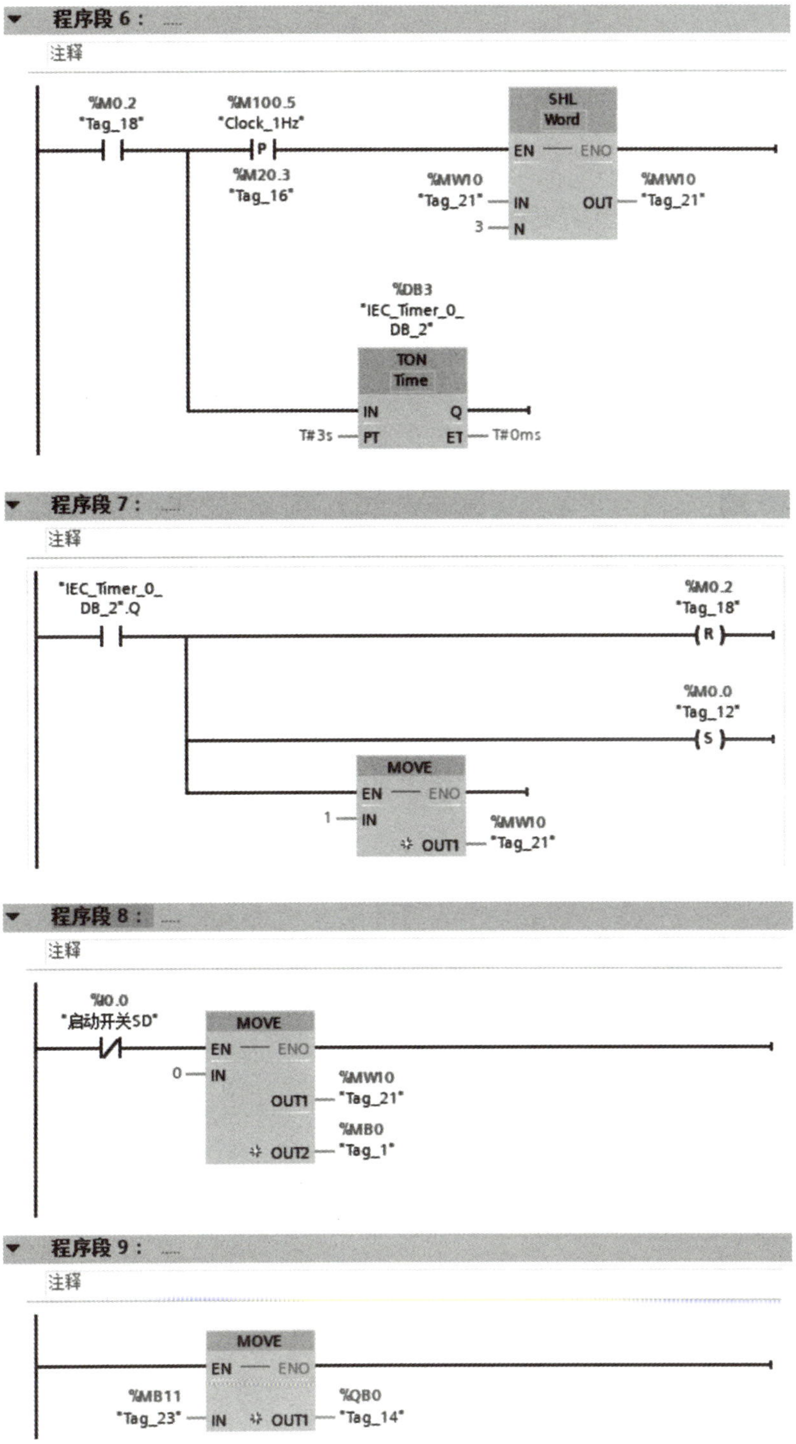

图 4-20　音乐喷泉梯形图(续)

3. 程序调试运行

利用博途自带的仿真软件进行仿真调试，综合运用程序状态监控法和监控表法完成程序调试运行，并思考 SHL、SHR 移位指令和 ROL、ROR 循环移位指令的区别。

任务拓展

任务一中天塔之光装置采用了发射型控制，流水型灯光由于其特有的流动感而广泛应用于广告控制及人们的生活中，给人以美感，为人们的生活带来乐趣、增添色彩！

其装置如图4-1(b)所示，要求置位启动开关SD，L1亮1 s后熄灭，接着L2亮1 s后熄灭，接着L3亮1 s后熄灭，依次进行，直至L8亮，延时5 s后反向点亮，即L8亮1 s后熄灭，L7亮1 s后熄灭，直至L1亮，也延时5 s后熄灭，接着L1亮1 s后熄灭，如此循环下去。复位启动开关SD，所有灯熄灭。

复习思考题

1. 理解SHL指令、SHR指令、ROL指令和ROR指令中，数据类型及其各端口的意义和设定要求。

2. 控制文字广告牌，按下启动按钮后，“欢”亮1 s后“迎”亮，“欢迎”亮1 s后都熄灭1 s，然后“欢迎”同时亮1 s后同时熄灭，熄灭1 s后重新开始循环，按下停止按钮后都熄灭。根据控制要求，完成系统接线图、程序设计及调试。

项目五

生产线控制

项目导入

20世纪20年代以前，在汽车工业中出现了流水生产线和半自动生产线，随着汽车、滚动轴承、小型电动机和缝纫机等工业发展，机械制造领域开始出现自动生产线，最早出现的是组合机床自动生产线。第二次世界大战后，在工业发达国家的机械制造业中，自动生产线的数目急剧增加。

数字控制机床、电子计算机和工业机器人等技术的发展以及成组技术的应用，使自动生产线的灵活性更大，可实现多品种、中小批量生产的自动化。多品种可调自动生产线在机械制造业中的应用越来越广泛，并向更高度自动化的柔性制造系统发展。

什么是自动生产线？自动生产线是指由自动化机器体系实现产品工艺过程的一种生产组织形式。它是在连续流水线的基础上进一步发展形成的。其特点包括：加工对象自动地由一台机床传送到另一台机床，并由机床自动地进行加工、装卸、检验等；工人的任务仅是调整、监督和管理自动线，不参加直接操作；所有的机器设备都按统一的节拍运转，生产过程是高度连续的。这些看似复杂的要求，在PLC中是如何轻松实现的呢？

针对不同的生产或者生活的要求，各行各业都会涉及自动生产线的控制运行方式。本项目以自动洗衣机和运料小车往返控制为例，采用顺序功能图的设计思路，利用相应的逻辑指令实现其功能。

知识目标

- (1)了解S7-1200 PLC计数器指令的格式、功能及典型应用。
- (2)掌握顺序控制程序的基本概念和设计方法。

能力目标

- (1)能根据控制要求正确进行S7-1200 PLC硬件组态与接线。
- (2)能正确应用定时器、关系比较、计数器等指令，完成自动生产线控制的程序编制，并进行简单的故障排查。

素质目标

- (1)培养学生严谨认真的工作态度，强化安全意识。
- (2)树立和强化资源节约意识。

任务一　自动洗衣机

一、任务描述

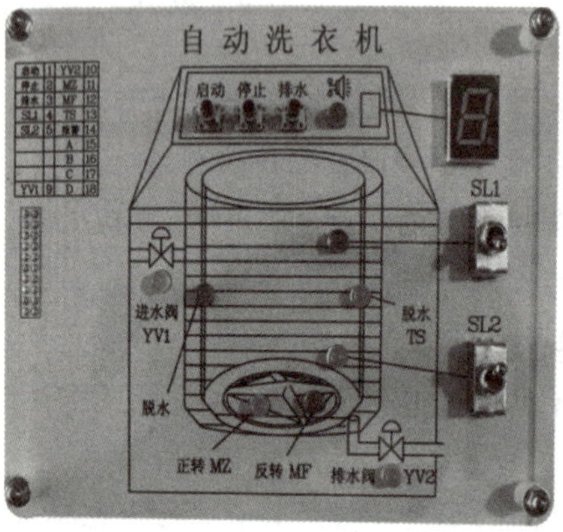

图 5-1　自动洗衣机实训装置

目前，家庭使用的洗衣机多为全自动洗衣机，为人们节省了清洗衣物的时间，洗衣机是如何实现自动控制的呢？如图 5-1 所示为自动洗衣机实训装置，其控制要求如下：

（1）初始状态，洗衣机不运转，各指示灯处于熄灭状态；

（2）按下启动按钮 SD，当高水位传感器 SL1 无信号时，进水阀指示灯 YV1 亮，开始往洗衣机注水；

（3）当高水位传感器 SL1 检测到信号时，进水阀指示灯 YV1 灭，停止进水；

（4）此时，洗衣机开始正转，正转指示灯 MZ 亮，正转 10 s 后，停止 5 s，洗衣机反转，反转指示灯 MF 亮，反转 10 s 后，停止 5 s；

（5）上一步骤重复三次，洗衣结束，停止转动，排水阀指示灯 YV2 亮，洗衣机开始排水；

（6）高水位传感器 SL1 和低水位传感器 SL2 信号依次消失后，排水阀指示灯 YV2 灭，停止排水；

（7）按下停止按钮 ST，洗衣机执行相应步骤后停止运转。

二、知识准备

1. 顺序控制设计法

1）顺序功能图法

采用经验设计法设计梯形图时，没有一套固定的方法和步骤可以遵循，因此具有很大的试探性和随意性。对于不同的控制系统，没有通用的容易掌握的设计方法。在设计复杂系统的梯形图时，需要使用大量的中间单元来完成记忆和互锁等功能，由于需要考虑的因素很多，它们往往又交织在一起，分析起来非常困难，并且很容易遗漏一些应该考虑的问题。修改某一局部电路时，很可能会“牵一发而动全身”，对系统的其他部分产生意想不到的影响,因此梯形图的修改也很麻烦,往往花了很长时间还得不到一个满意的结果。采用经验设计法设计出的复杂梯形图很难阅读,也会给系统的修改和改进带来很大的困难。针对这一问题,可以考虑采用顺序控制方式。

顺序控制是指使生产机械根据生产工艺的要求按照预先安排的顺序自动动作。顺序功能图是描述控制系统的控制过程、功能和特性的一种图形,也是设计 PLC 顺序控制程序的有力工具。

顺序功能图法就是依据顺序功能图设计 PLC 顺序控制程序,其基本思想是将系统的一个工作周期分解成若干个顺序相连的阶段,即步。如图 5-2 所示,顺序功能图主要由步、与步相关的动作(或命令)、有向连线、转换和转换条件组成。

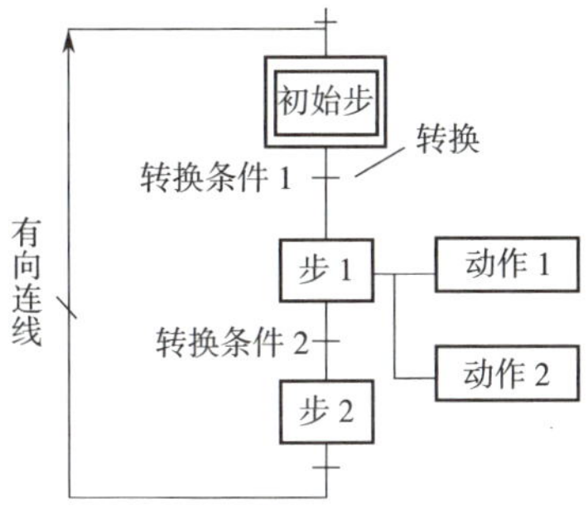

图 5-2 顺序功能图

Ⅰ.步

在顺序功能图中,把系统循环工作过程分解成若干个顺序相连的阶段,即步。步用矩形框表示,框内的数字表示步的编号。在控制过程中的某个给定时刻,一个步可以是活动的,也可以是非活动的。当步处于活动状态时,称为活动步;反之,称为非活动步。控制过程开始阶段的活动步与初始状态对应,称为起始步,用双线矩形框表示,每个顺序功能图中至少应有一个起始步。

Ⅱ.与步相关的动作(或命令)

控制系统的每个步都要完成某些动作(或命令),当某步处于活动状态时,与该步相关的动作(或命令)被执行;反之,动作(或命令)不被执行。与该步相关的动作(或命令)用矩形框表示,框内的文字或符号表示动作(或命令)的内容,该矩形框应与相应步的矩形框相连。在顺序功能图中,动作(或命令)可分为非存储型和存储型两类。当相应步活动时,动作(或命令)被执行,当相应步不活动时,动作(或命令)如果返回到该步活动前的状态,则该动作(或命令)是非存储型的;如果继续保存它的状态,则该动作(或命令)是存储型的。

Ⅲ.有向连线

在顺序功能图中,会发生步的活动状态的进展,用有向连线表示,它将步连接到转换并将转换连接到步。步的活动状态的进展按有向连线规定的线路进行,有向连线是垂直或水平的,按习惯进展的方向总是从上到下或从左到右,如果不遵守上述习惯就必须加箭头,必要时为了易于理解也可加箭头,箭头表示步的活动状态的进展方向。

Ⅳ.转换和转换条件

在顺序功能图中,步的活动状态的进展是由一个或多个状态转换来实现的,并与控制过程的发展相对应。转换符号是一根与有向连线垂直的短横线,步与步由转换分割。转换条件在转换符号旁边用文字或符号说明。当两步之间的转换条件得到满足时,转换得以实现,即上一步的活动结束而下一步的活动开始,因此不会出现步的重叠现象。

下面用一个简单的例子来介绍顺序功能图的画法。如图 5-3 所示,小车开始时停在最左边,限位开关 I0.2 为 1 状态;按下启动按钮,Q0.0 变为 1 状态,小车右行;碰到右限位开关 I0.1 时,Q0.0 变为 0 状态,Q0.1

变为 1 状态，小车改为左行；返回起始位置时，Q0.1 变为 0 状态，小车停止运行，同时 Q0.2 变为 1 状态，使制动电磁铁线圈通电，接通延时定时器 T1 开始定时；定时时间到，制动电磁铁线圈断电，系统返回初始状态。

根据 Q0.0~Q0.2 的 0、1 状态的变化，显然可以将上述工作过程划分为 3 步，并分别用 M4.1~ M4.3 来表示，另外还设置了一个等待启动的初始步。图 5-4 所示为描述该系统的顺序功能图，图中用矩形方框表示步。为了便于将顺序功能图转换为梯形图，用代表各步的编程元件的地址作为步的代号，并用编程元件的地址来标注转换条件和各步的动作或命令。

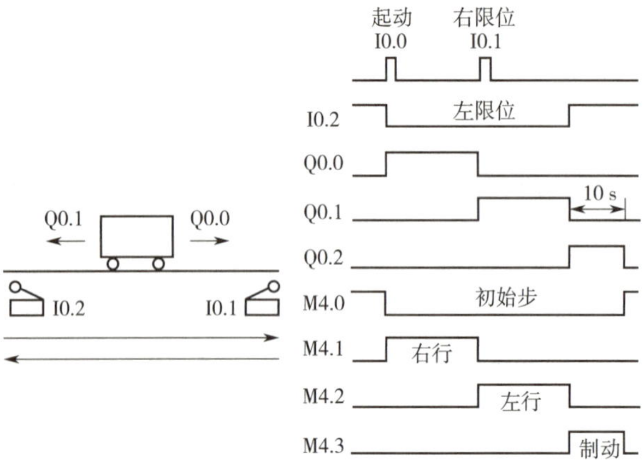

图 5-3　实例系统示意图与波形图

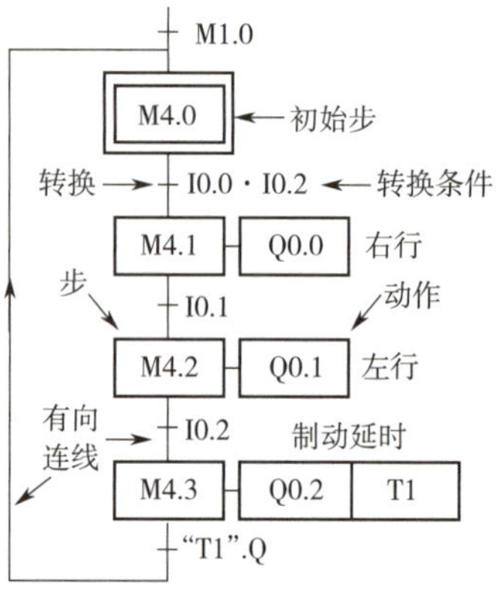

图 5-4　实例顺序功能图

2）顺序功能图的基本结构

依据步的活动状态的进展形式，顺序功能图有以下几种基本结构。

Ⅰ. 单序列结构

单序列由一系列相继激活的步组成，每个步的后面仅有一个转换，每个转换后面仅有一个步，如图 5-5 所示。

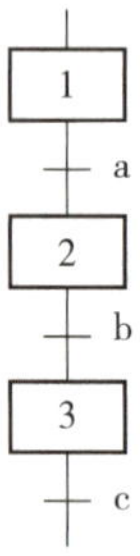

图 5-5　单序列结构图

Ⅱ. 选择序列结构

（1）选择序列的开始称为分支，即某个步的后面有几个步，当满足不同的转换条件时，转向不同的步，如图 5-6（a）所示。

（2）选择序列的结束称为合并，即几个选择序列合并到同一个序列上，各个序列上的步在各自转换条件满足时转换到同一个步，如图 5-6（b）所示。

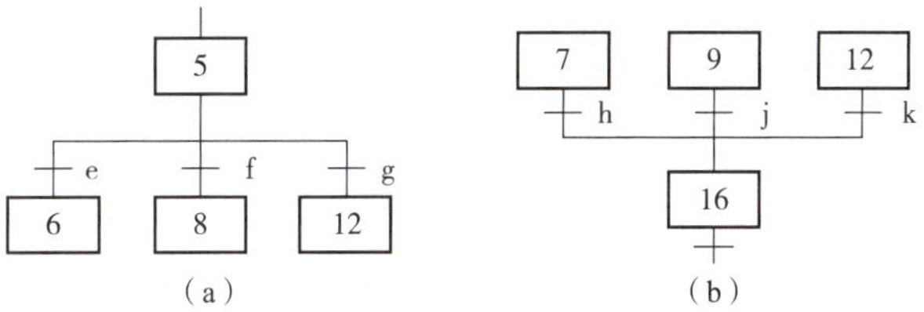

图 5-6　选择序列结构图

(a)分支　(b)合并

Ⅲ.并行序列结构

(1)并行序列的开始称为分支,即当转换的实现导致几个序列同时激活时,这些序列称为并行序列,它们被同时激活后,每个序列中步的活动状态的进展将是独立的,如图 5-7(a)所示。

(2)并行序列的结束称为合并,即在并行序列中处于水平双线以上的各个步都为活动步,当转换条件满足时,同时转换到同一个步,如图 5-7(b)所示。

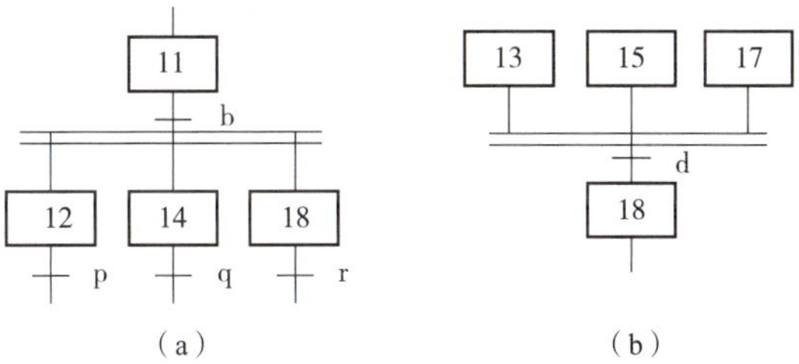

图 5-7　并行序列结构图

(a)分支　(b)合并

Ⅳ.有子步序列的结构

根据需要,在顺序功能图中,某个步又可分为几个子步,如图 5-8 所示。其中,图 5-8(a)是以简略形式表示的步 3,图 5-8(b)是将步 3 细分为 5 个子步,详细表示了步 3 的具体细节。这种步的详细表示方法(子步)可以使系统的设计者在进行总体设计时以更加简捷的方式表达系统的总体功能和概貌,从功能入手对整个系统简要地进行全面描述。在总体设计被确认后,再进行深入的细节设计。这样就可以使系统设计者在设计初期抓住系统的主要矛盾,而免于陷入某些细节的纠缠,减少总体设计的错误;同时,也便于设计人员和其他相关人员进行设计思想的沟通,便于程序的分工设计、检查及调试,从而可以缩短程序设计时间和调试时间。

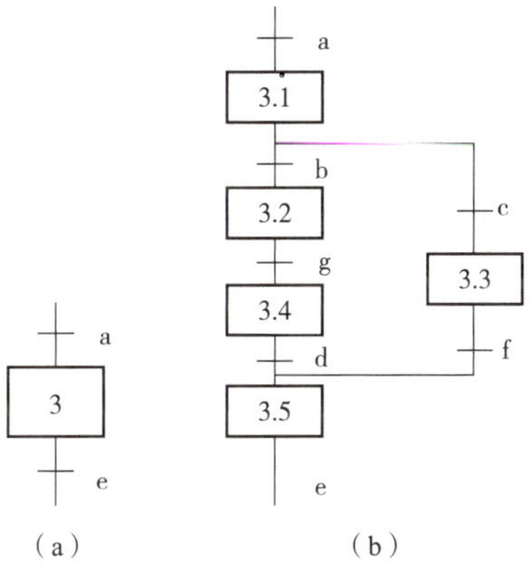

图 5-8　有子步序列的结构

(a)简略形式步　(b)详细形式步

2. 关系比较指令

关系比较指令用于比较两个相同类型数据的大小，其实质是关系运算，包括“==”（等于）、“<>”（不等于）、“>”（大于）、“<”（小于）、“>=”（大于或等于）和“<=”（小于或等于）。可以进行比较的数据类型包括SInt、Int、DInt、USInt、UInt、UDInt、Real、LReal、String、Char、Time、Date、DTL 和常数，比较结果为逻辑值 TRUE 或 FALSE。若 LAD 触点的比较结果为 TRUE，则该触点会被激活，有能流流过；若 LAD 触点的比较结果为 FALSE，则该触点不会被激活，没有能流流过。关系比较指令的符号和数据类型如图 5-9 所示。

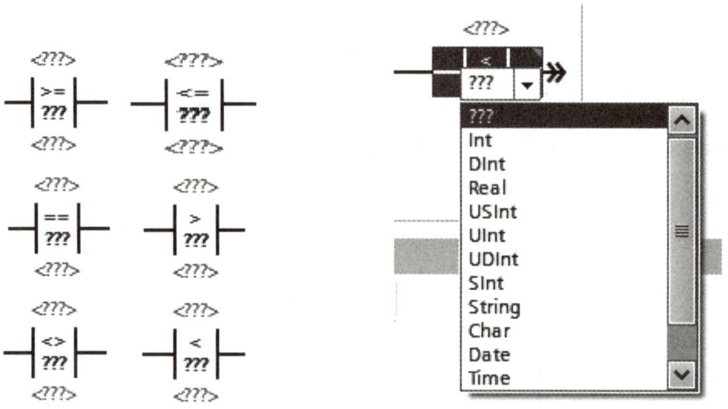

图 5-9　关系比较指令的符号和数据类型

比较指令可与接通延时定时器组成占空比可调的脉冲发生器，其梯形图如图 5-10 所示。其中，程序段 1 用定时器构成 3 s 的自复位电路，定时周期即为 3 s；程序段 2 用比较指令即可输出高电平，比较指令的数据类型是时间类型，当已消耗的时间大于 1 s 时，输出 Q0.0 为 1，改变接通延时定时器的设定时间，即可改变周期，改变比较指令的时间常量，即可改变输出高电平的宽度。

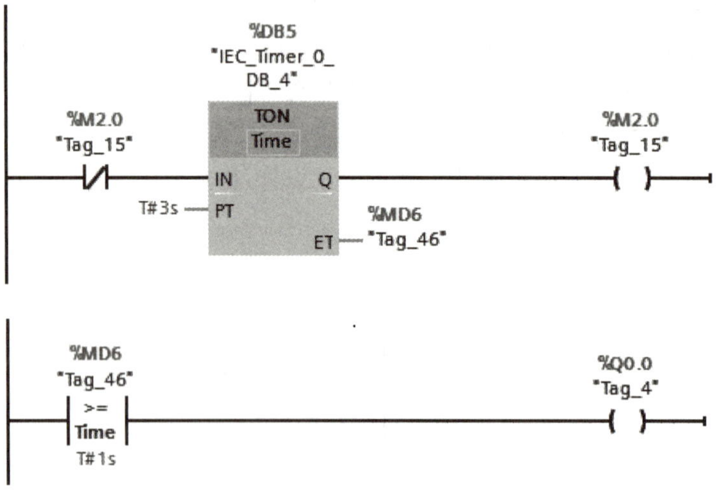

图 5-10　脉冲发生器的梯形图

三、任务实施

1. 硬件设计

1）输入/输出地址分配

根据控制要求，自动洗衣机启动开关 SD 接 I0.0，停止按钮 ST 接 I0.1，水位上限位 SL1 接 I0.2，水位下限位 SL2 接 I0.3，进水阀 YV1 接 Q0.0，排水阀 YV2 接 Q0.1，正转 MZ 接 Q0.2，反转 MF 接 Q0.3，输入/输出地址分配见表 5-1。

表 5-1　输入/输出地址分配表

输入/输出	元器件	地址
输入	启动开关 SD	I0.0
	停止按钮 ST	I0.1
	水位上限位 SL1	I0.2
	水位下限位 SL2	I0.3
输出	进水阀 YV1	Q0.0
	排水阀 YV2	Q0.1
	正转 MZ	Q0.2
	反转 MF	Q0.3

2）控制电路接线图

自动洗衣机控制电路接线图如图 5-11 所示，切记断电接线，不能带电操作。

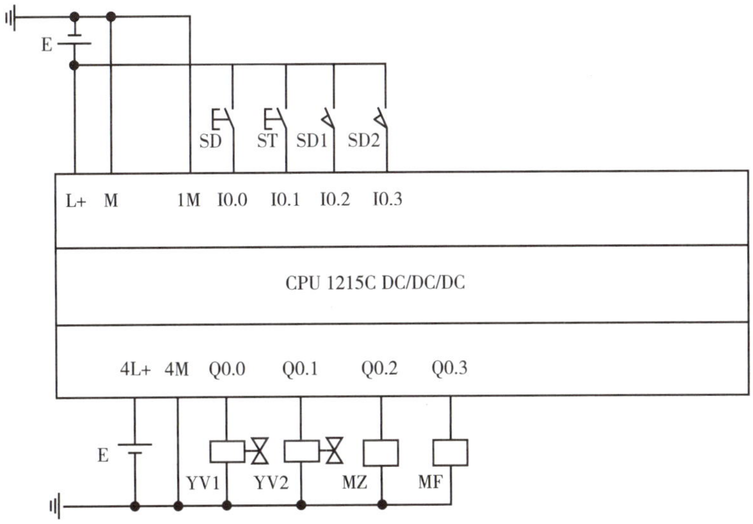

图 5-11　自动洗衣机控制电路接线图

2. 软件设计

1）PLC 变量的定义

根据输入/输出地址分配，PLC 变量的定义如图 5-12 所示。

PLC 变量

	名称	变量表	数据类型	地址	保持	从 H...	从 H...	在 H...
1	启动SD	默认变量表	Bool	%I0.0	☐	☑	☑	☑
2	停止ST	默认变量表	Bool	%I0.1	☐	☑	☑	☑
3	上限位SL1	默认变量表	Bool	%I0.2	☐	☑	☑	☑
4	下限位SL2	默认变量表	Bool	%I0.3	☐	☑	☑	☑
5	进水阀YV1	默认变量表	Bool	%Q0.0	☐	☑	☑	☑
6	排水阀YV2	默认变量表	Bool	%Q0.1	☐	☑	☑	☑
7	正转MZ	默认变量表	Bool	%Q0.2	☐	☑	☑	☑
8	反转MF	默认变量表	Bool	%Q0.3	☐	☑	☑	☑

图 5-12　PLC 变量的定义

2)梯形图的设计

自动洗衣机的操作是一整套流程，包括电动机的正反转控制，在此过程中还伴随着进水与排水工作，采用顺序控制设计法，按照“初始化”→“进水”→“洗衣”→“排水”四个阶段进行程序设计，其梯形图如图 5-13 所示，其中 MW10 为模式状态字。

程序段 1 为初始化程序，按下启动开关 SD，MW10 写入 1。程序段 2 为进水控制程序，直至上限位信号 SL1 出现。程序段 3、4、5 为洗衣机正/反转控制程序，在洗衣过程中，洗衣机正转 10 s，停止 5 s，再反转 10 s，停止 5 s，重复三次。程序段 6、7 为排水控制程序，洗衣动作结束后，开始执行排水，直至下限位信号 SL2 消失。程序段 8、9 为停止控制程序，按下停止按钮 ST，MW10 置 0，MW14、MW16 参数重置，系统结束运行。

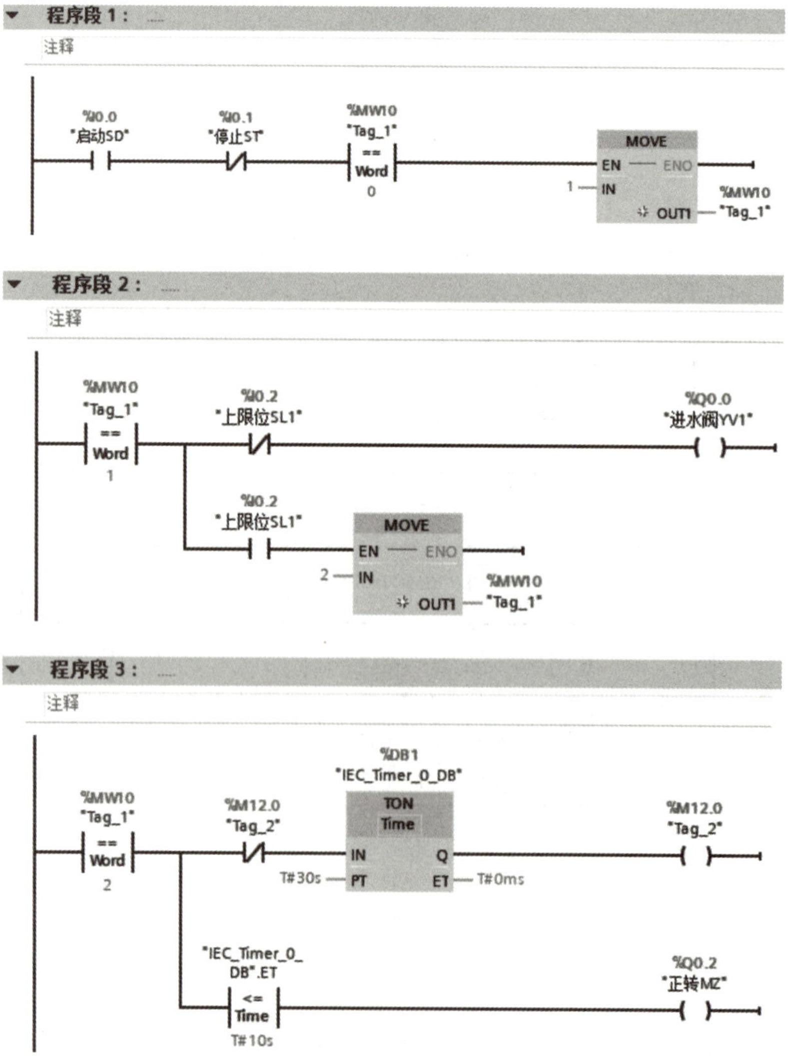

图 5-13　自动洗衣机梯形图

程序段 4： ......

注释

程序段 5： ......

注释

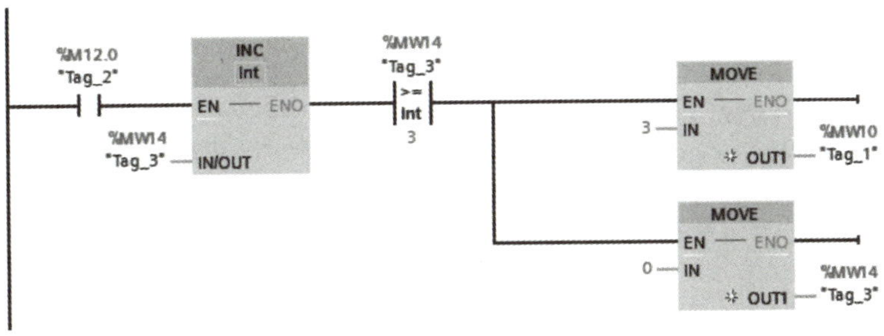

程序段 6： ......

注释

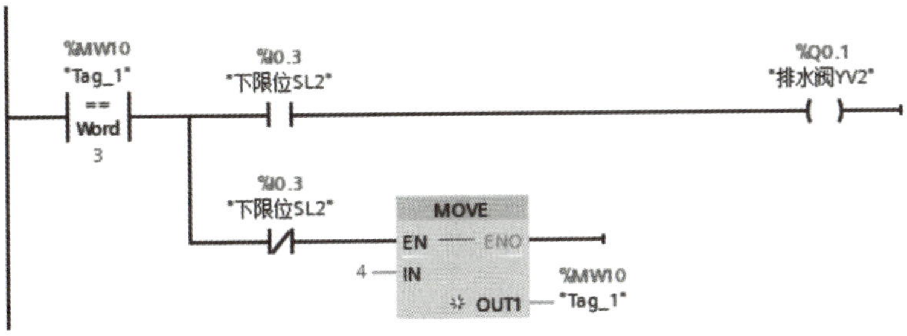

程序段 7： ......

注释

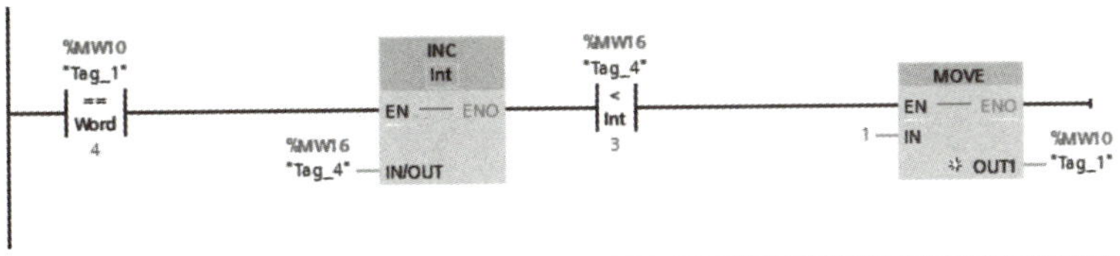

程序段 8： ......

注释

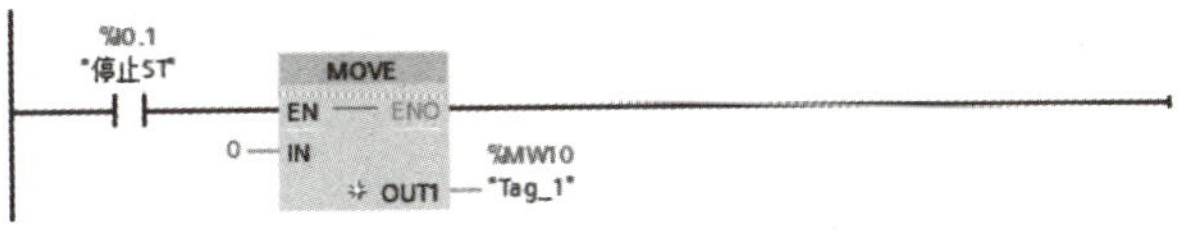

程序段 9： ......

注释

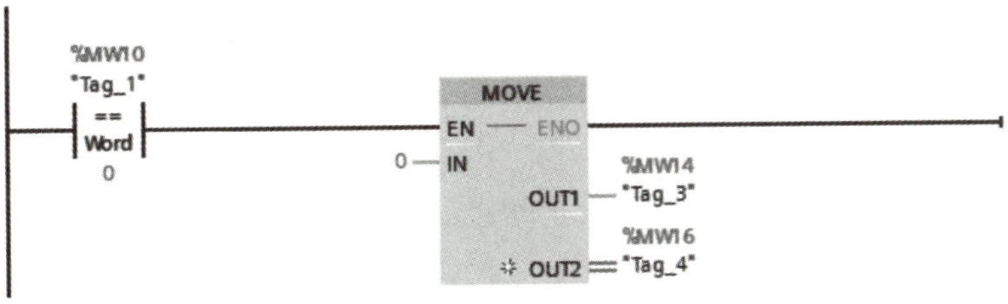

图 5-13　自动洗衣机梯形图(续)

3. 程序调试运行

首先利用博途自带的仿真软件进行仿真调试和程序状态监控，然后按照自动洗衣机控制电路接线图连接 PLC 及外围硬件，在自动洗衣机实训装置完成程序调试运行。

思考自动洗衣机控制程序中高低水位传感器起什么作用？如果它们出现故障，自动洗衣机能否正常工作，有什么改进措施吗？

任务二 运料小车往返控制

一、任务描述

本任务要求设计一个运料小车自动往返控制器，如图 5-14 所示为运料小车自动往返示意图，具体设计要求如下。

（1）自动运行状态如下：选择开关 SA 闭合，要求系统启动后首先在原位进行装料，15 s 后装料停止，小车右行；右行至行程开关 SQ2 处，右行停止，进行卸料，10 s 后卸料停止，小车左行至行程开关 SQ1 处，左行停止，进行装料，如此循环。在运行过程中，无论小车在任意位置，按下停止按钮，小车均需要返回原位后才能停止运行。

（2）检修状态如下：当选择开关 SA 断开时，小车只能手动控制，按点动进时，小车点动前进，小车接通前进电机，前进至 SQ2 时小车停止；按点动退时，小车点动后退，小车接通后退电机，退至 SQ1 时小车停车。

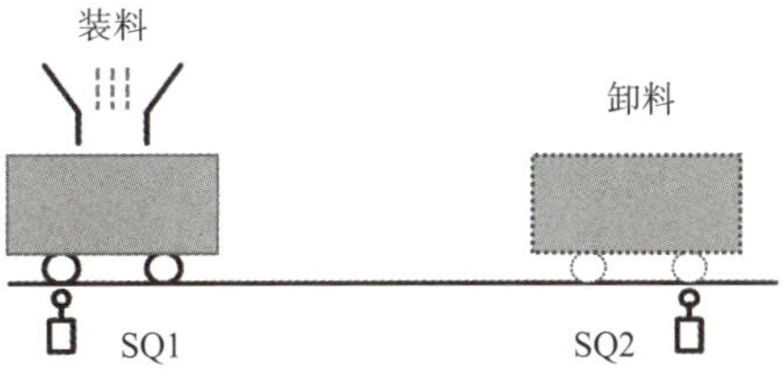

图 5-14 运料小车自动往返示意图

二、知识准备

1. 计数器指令

S7-1200 PLC 有 3 种计数器，即加计数器（CTU）、减计数器（CTD）和加减计数器（CTUD），它们属于软件计数器，其最大计数速率受到它所在的 OB 的执行速率的限制，如果需要速率更高的计数器，可以使用 CPU 内置的高速计数器。调用计数器指令时，需要生成保存计数器数据的背景数据块。3 种计数器指令的符号如图 5-15 所示。

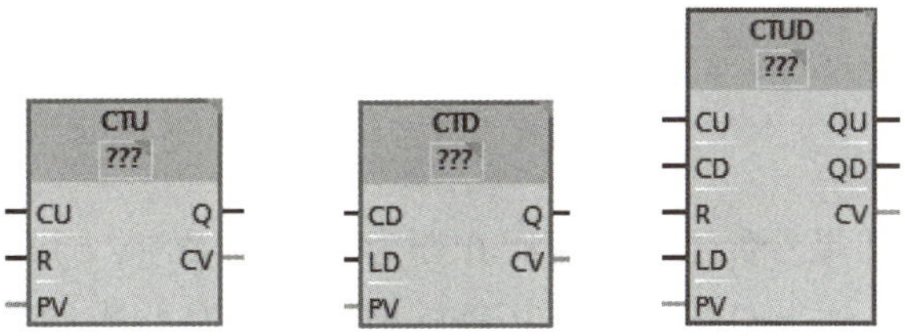

图 5-15 3 种计数器指令的符号

其中，CU 和 CD 分别是加计数和减计数，当 CU 或 CD 从 0 变为 1 时，当前计数值 CV 加 1 或减 1；当复位参数 R 为 1 时，计数器被复位，CV 被清零，计数器的 Q 输出变为 0；当 LD 为 1 时，将预置计数值 PV 装载到计数器中作为当前计数值。计数器指令的参数、数据类型及说明见表 5-2。

表 5-2　计数器指令的参数、数据类型及说明

参数	数据类型	说明
CU、CD	Bool	加计数或减计数，按加或减一计数
R（CTU、CTUD）	Bool	将计数值重置为零
LD（CTD、CTUD）	Bool	预设值的装载控制
PV	SInt、Int、DInt、USInt、UInt、UDInt	预设计数值
Q、QU	Bool	CV≥PV 时为真
QD	Bool	CV≤0 时为真
CV	SInt、Int、DInt、USInt、UInt、UDInt	当前计数值

计数值的数值范围取决于所选的数据类型，如果计数值是无符号整型数据，则可以减计数到零或加计数到范围限值；如果计数值是有符号整型数据，则可以减计数到负整数限值或加计数到正整数限值。

用户程序中可以使用以下数据类型：

（1）对于 SInt 或 USInt 数据类型，计数器指令占用 3 字节；

（2）对于 Int 或 UInt 数据类型，计数器指令占用 6 字节；

（3）对于 DInt 或 UDInt 数据类型，计数器指令占用 12 字节。

1）加计数器

对于加计数器（CTU），当参数 CU 的值从 0 变为 1 时，CTU 使计数值加 1，直到 CV 达到指定的数据类型的上限值，此后 CU 状态的变化，不会再使 CV 值增加；如果参数 CV（当前计数值）的值大于或等于参数 PV（预设计数值）的值，则计数器输出参数 Q = 1；如果复位参数 R 的值从 0 变为 1，则当前计数值复位为 0。第一次执行程序时，CV 被清零。加计数器指令的基本应用及波形如图 5-16 所示。

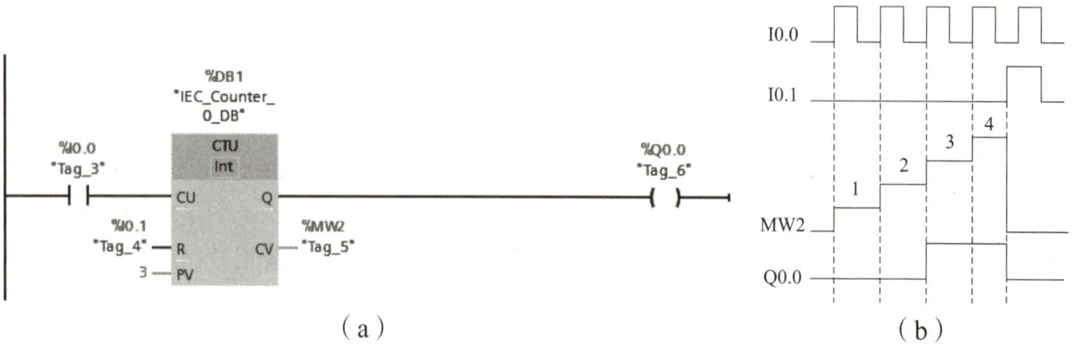

图 5-16　加计数器指令的基本应用及波形

（a）基本应用　（b）波形

2）减计数器

对于减计数器（CTD），如果参数 LD 的值从 0 变为 1，则参数 PV（预设计数值）的值将作为新的 CV（当前计数值）装载到计数器，输出 Q 为 0；参数 CD 的值从 0 变为 1 时，CTD 使计数值减 1；如果参数 CV（当前计数值）的值小于或等于 0，则计数器输出参数 Q = 1；第一次执行程序时，CV 被清零。减计数器指令的基本应用及波形如图 5-17 所示。

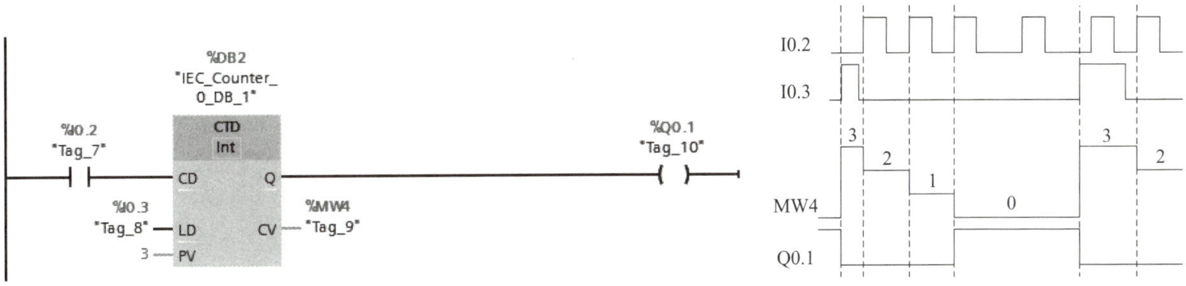

（a）　　　　（b）

图 5-17　减计数器指令的基本应用及波形

（a）基本应用　（b）波形

3）加减计数器

对于加减计数器（CTUD），当加计数（CU）或减计数（CD）输入的值从 0 变为 1 时，CTUD 会使计数值加 1 或减 1；如果参数 CV（当前计数值）的值大于或等于参数 PV（预设计数值）的值，则计数器输出参数 QU = 1；如果参数 CV 的值小于或等于零，则计数器输出参数 QD = 1；如果参数 LD 的值从 0 变为 1，则参数 PV（预设计数值）的值将作为新的 CV（当前计数值）装载到计数器；如果复位参数 R 的值从 0 变为 1，则当前计数值复位为 0。加减计数器指令的基本应用及波形如图 5-18 所示。

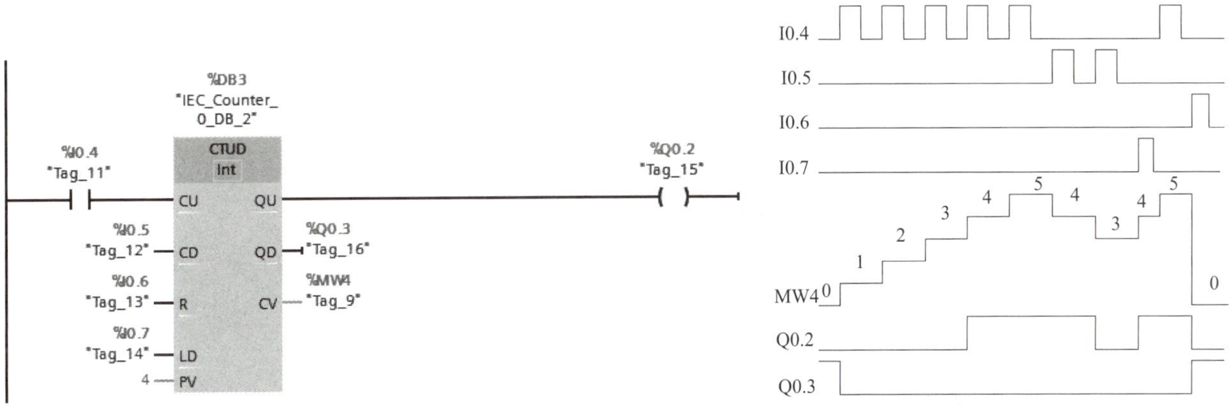

（a）　　　　（b）

图 5-18　加减计数器指令的基本应用及波形

（a）基本应用　（b）波形

2. 应用举例

由电动机带动传送带 KM1 启停，I0.0 接传送带的启动按钮，I0.1 接传送带的停止按钮，产品检测信号 PH 接 I0.2，传送带电动机接输出 Q0.0，Q0.1 输出控制接机械手动作。当传送带开始运行，工件通过产品检测器 PH 检测到信号，每检测 5 个产品，机械手动作 1 次，机械手动作后，延时 5 s，机械手电磁铁切断，重新开始下一次计数。该应用举例示意图如图 5-19 所示，其梯形图如图 5-20 所示。

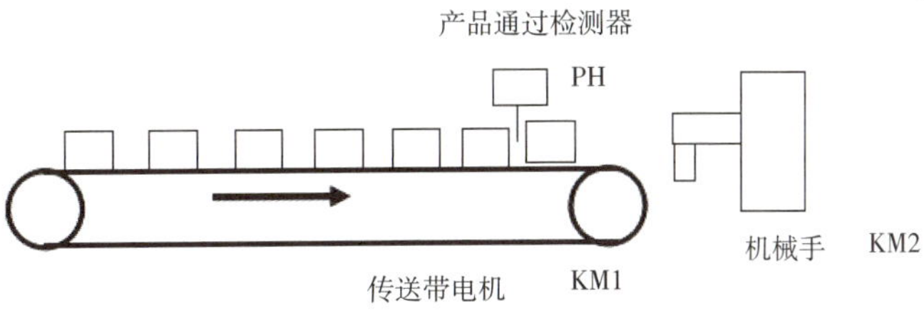

图 5-19　计数器指令应用举例示意图

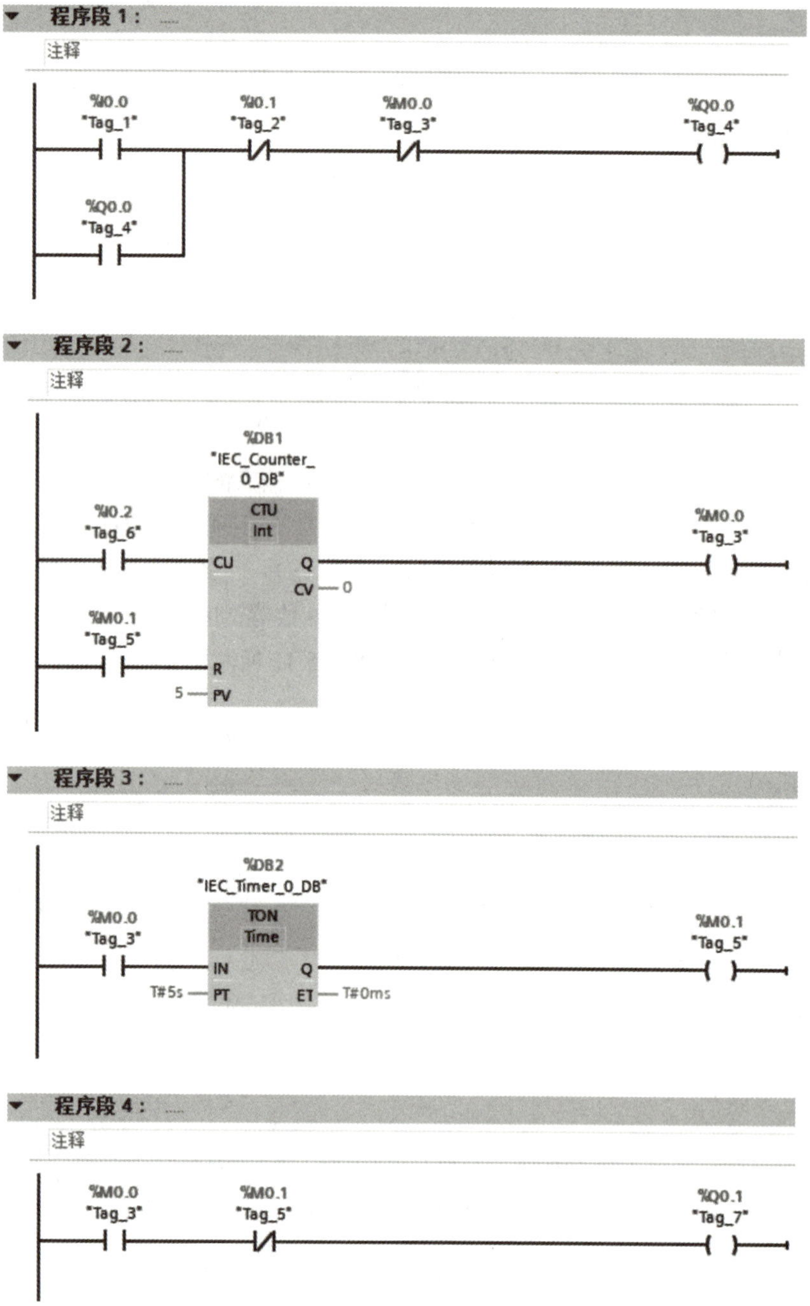

图 5-20　计数器指令应用举例梯形图

其中,程序段 1 为起保停程序,控制传送带的启停;程序段 2 用加计数器指令累计检测到的产品个数;在程序段 3 中,当计数值达到 5 时,接通定时器,延时 5 s 后,使计数器复位;在程序段 4 中,当计数值达到 5 时,且定时时间没到,机械手有输出信号。

可以通过仿真调试验证程序的正确性,在此不再赘述,同学们可以自行完成。

三、任务实施

1. 硬件设计

1)输入/输出地址分配

根据控制要求,运料小车启动按钮 SB1 接 I0.0,停止按钮 SB2 接 I0.1,左侧行程开关 SQ1 接 I0.2,右侧行程开关 SQ2 接 I0.3,自动/手动选择开关 SA 接 I1.0,手动前进按钮接 I0.6,手动后退按钮接 I0.7,装料电磁阀 YV1 接 Q0.0,右行线圈 KM1 接 Q0.1,卸料电磁阀 YV2 接 Q0.2,左行线圈 KM2 接 Q0.3,输入/输出地址分配见表 5-3。

表 5-3　输入/输出地址分配表

输入/输出	元器件	地址
输入	启动按钮 SB1	I0.0
	停止按钮 SB2	I0.1
	左侧行程开关 SQ1	I0.2
	右侧行程开关 SQ2	I0.3
	自动/手动选择开关 SA	I1.0
	手动前进按钮	I0.6
	手动后退按钮	I0.7
输出	装料电磁阀 YV1	Q0.0
	右行线圈 KM1	Q0.1
	卸料电磁阀 YV2	Q0.2
	左行线圈 KM2	Q0.3

2)控制电路接线图

运料小车往返控制电路接线图如图 5-21 所示。

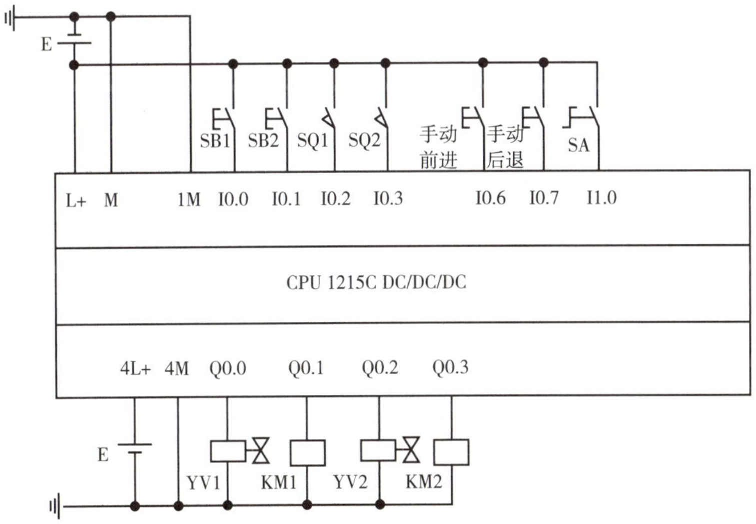

图 5-21　运料小车往返控制电路接线图

2. 软件设计

1)系统存储器的设置

打开 PLC 的设备视图选择“属性”，单击巡视窗口左边的“系统和时钟存储器”，勾选“允许使用系统存储器字节”复选框，并选择 MB10 作为系统存储器字节的地址，其中的首次循环位 M10.0 为 1，通常作为程序中初始化位使用，如图 5-22 所示。

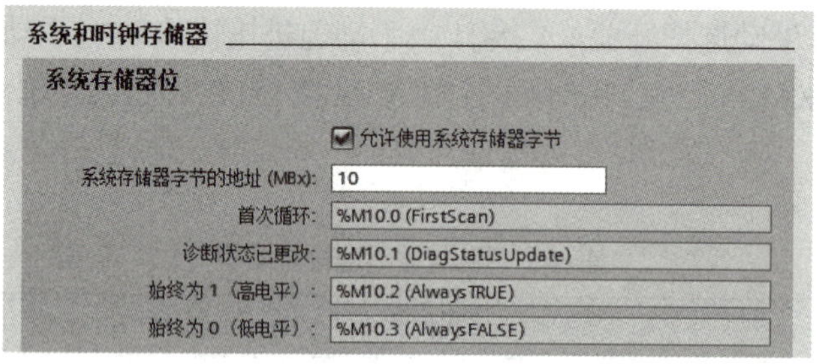

图 5-22　系统存储器的设置

系统存储器字节提供以下 4 个位，用户程序可以通过以下变量名称引用这 4 个位。

(1)M10.0(首次循环)默认变量名称为“FirstScan”，在启动组织块执行完成后的第一个扫描周期内，该位设置为 1，在执行完第一次扫描，第二次扫描开始后，“首次循环”位将设置为 0。

(2)M10.1(诊断状态已更改)默认变量名称为“DiagStatusUpdate”，在 CPU 记录了诊断事件后的一个扫描周期内，该位设置为 1。由于直到首次循环组织块执行结束，CPU 才能置位该位，因此用户程序无法检测在启动组织块执行期间或首次循环组织块执行期间是否发生过诊断状态更改。

(3)M10.2(始终为 1)默认变量名称为“AlwaysTRUE”，该位始终设置为 1。

(4)M10.3(始终为 0)默认变量名称为“AlwaysFALSE”，该位始终设置为 0。

2)PLC 变量的定义

根据输入/输出地址分配，PLC 变量的定义如图 5-23 所示。

变量 table_1

	名称	数据类型	地址	保持	在 H...	可从 ...
1	start	Bool	%I0.0	☐	☑	☑
2	stop	Bool	%I0.1	☐	☑	☑
3	SQ1	Bool	%I0.2	☐	☑	☑
4	SQ2	Bool	%I0.3	☐	☑	☑
5	装料	Bool	%Q0.0	☐	☑	☑
6	右行	Bool	%Q0.1	☐	☑	☑
7	卸料	Bool	%Q0.2	☐	☑	☑
8	左行	Bool	%Q0.3	☐	☑	☑
9	SA选择开关	Bool	%I1.0	☐	☑	☑
10	手动前进	Bool	%I0.6	☐	☑	☑
11	手动后退	Bool	%I0.7	☐	☑	☑

图 5-23　PLC 变量的定义

3)状态图和顺序功能图的设计

采用顺序控制设计法设计程序，首先要画出顺序功能图，顺序功能图中的各步在实现转换时，可以使前级步的活动结束，而使后级步的活动开始，步之间没有重叠。这使系统中大量复杂的联锁关系问题在步的转换中得以解决。对于每个步的程序段，只需要处理极其简单的逻辑关系，编程方法简单易学、规律性强，程序结构清晰、可读性好，且调试方便，工作效率高。

系统的工作过程可以分为若干个状态(本任务中共分为 5 个状态，首先是起始状态，然后分别为装料、右行、卸料、左行 4 个状态），当满足某个条件时（时间条件或小车碰到行程开关），系统会从当前状态转入下一状态，同时上一状态的动作结束。每个状态对应一个步，可将状态图转换为顺序功能图，如图 5-24 所示。顺序功能图可以非常直观、清晰地描述运料小车自动往返的控制过程。

本任务中，5 个状态对应于 5 个步，每个步用一个位存储器来表示，分别为 M0.0~M0.4。其中，M0.0 为起始步，M0.1 为装料步，M0.2 为右行步，M0.3 为卸料步，M0.4 为左行步。以转换为中心的编程方法的顺序功能图描述如下。

转换的前级步是活动步，实现图 5-24（b）中 I0.0 · I0.2 对应的转换需要同时满足两个条件，即该步为活动步（M0.0=1）和转换条件（I0.0 · I0.2=1），当这两个条件同时满足时，就从当前步 M0.0 转换为 M0.1 步，此时 M0.0 为非活动步，而 M0.1 为活动步。在顺序功能图中，可以用 M0.0 和 I0.0、I0.2 的常开触点组成的串联关系来表示上述条件。当条件同时满足时，应将该转换的后续步变成活动步，并将该转换的前级步变成非活动步。这种编程方法与转换实现的基本规则之间有严密的对应关系，用它编制顺序功能图复杂的程序，更能显示出其优越性。图 5-24（b）给出了每个状态的输出信号以及每个状态的转换条件，从而给编程提供了极大的方便。其他各步的转换相同，不再讲述。

由顺序功能图可以看出，这是典型的单序列顺序功能图，其在任何时刻只有一个步为活动步，也就是说 M0.0~M0.4 在任何时刻只有一位为 1，其他位都为 0。每个步对应的输出也必须在顺序功能图中表示出来。

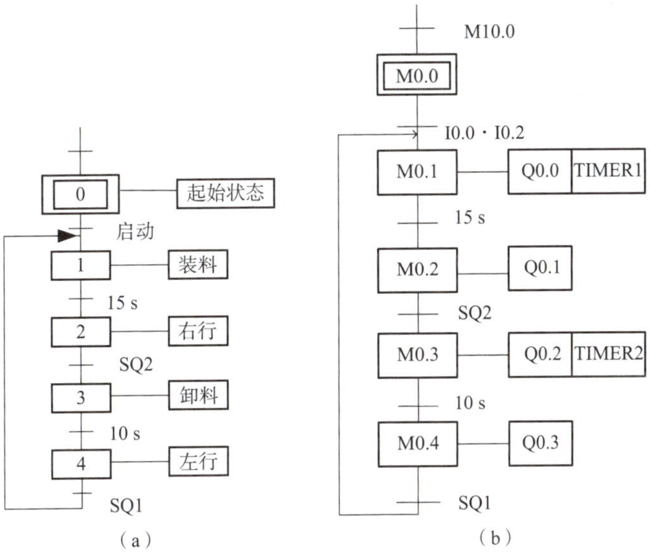

图 5-24 运料小车往返控制的状态图和顺序功能图

（a）状态图 （b）顺序功能图

4）梯形图的设计

运料小车往返控制的梯形图如图 5-25 所示。

程序段 1：初始化起始步，并对其他步的标志位和内部标志位清零。在 3 种情况下会初始化起始步，即首次扫描，选择手动控制，3 次循环结束。

程序段 2：在自动控制状态下（I1.0=1），当前活动步为 M0.0，当满足小车在起始位置（I0.2=1）条件，并按下启动按钮（I0.0=1）时，由起始步 M0.0 转换为 M0.1 步，从而进入装料步，此时 M0.0 为非活动步，M0.1 为活动步。

程序段 3：当前活动步为 M0.1，当装料时间到时，由 M0.1 步转换为 M0.2 步，此时 M0.2 为活动步，进入右行状态。

程序段 4：当前活动步为 M0.2，小车右行到右侧行程开关处，I0.3 为 1，由 M0.2 步转换为 M0.3 步，此时 M0.3 为活动步，进入卸料状态。

程序段 5、6:卸料 10 s,由 M0.3 步转换为 M04 步,进入左行状态,小车左行到左侧行程开关处, I0.2 为 1,回到 M0.1 步,完成一次循环。

程序段 7:用计数器指令累计循环次数,设计要求循环 3 次,所以 M1 计数值必须达到 4 次;当循环次数达到或选择手动控制或按下停止按钮时,必须对计数器复位。

程序段 8、9:按下停止按钮的处理,建立停止运行标志位 M0.5,并回到起始步。

程序段 10~13:输出处理,包括手动输出处理。

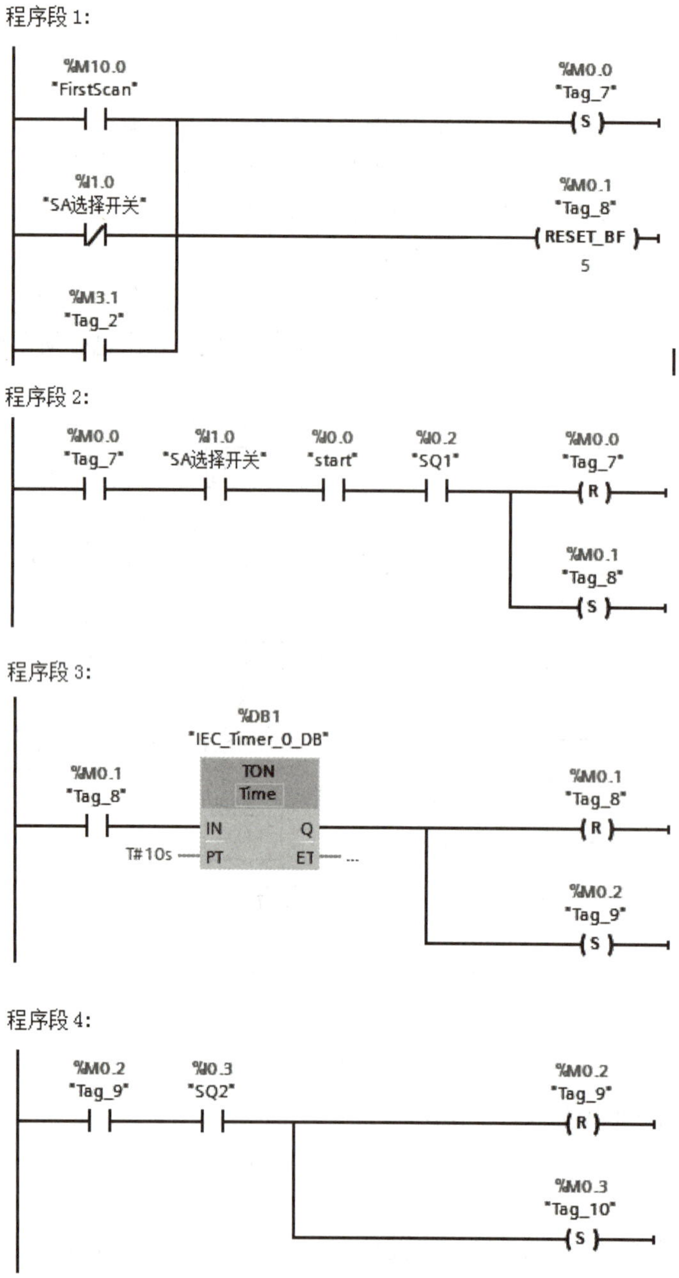

图 5-25　运料小车往返控制梯形图

程序段 5:

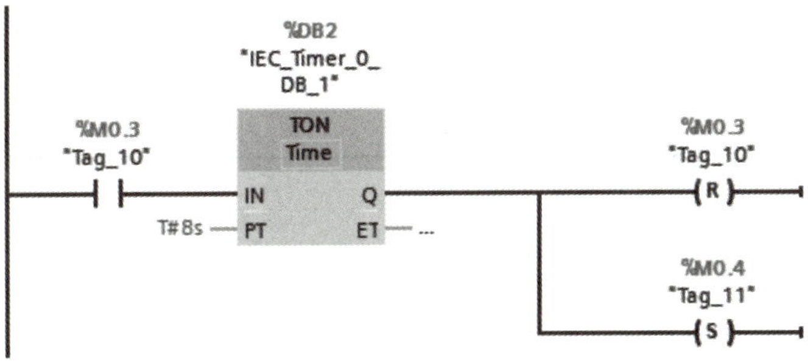

程序段 6:

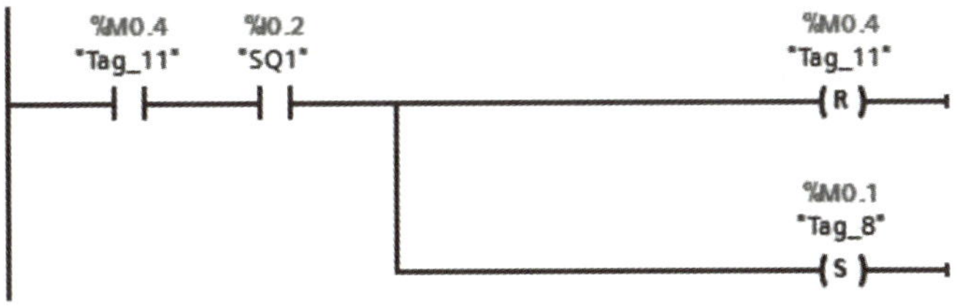

程序段 7:

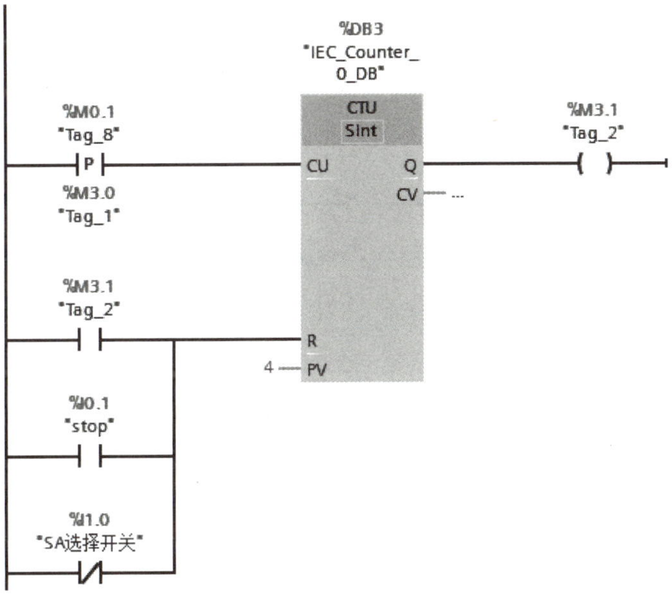

程序段 8:

程序段 9:

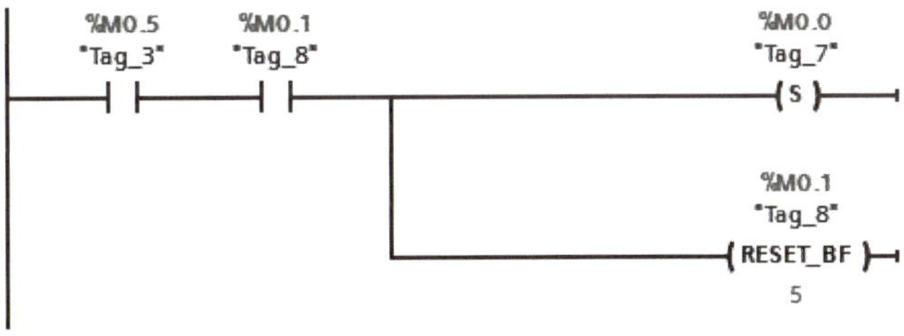

图 5-25 运料小车往返控制梯形图（续）

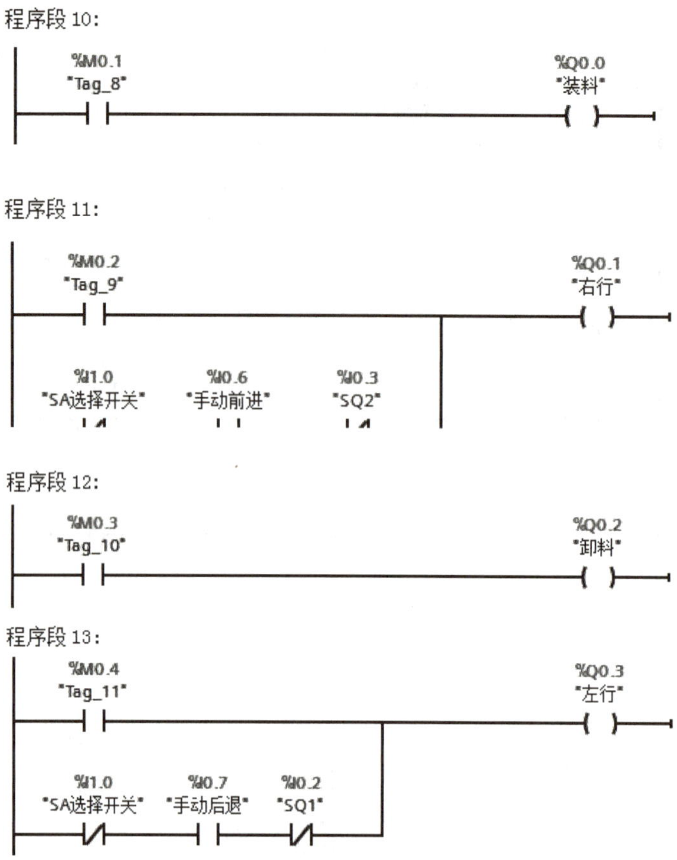

图 5-25　运料小车往返控制梯形图(续)

3. 程序调试运行

利用博途自带的仿真软件进行仿真调试和程序状态监控,完成程序调试运行,并进一步领会顺序控制设计的思想。

任务拓展

如图 5-26 所示为装配流水线装置,试用 PLC 实现控制,具体控制要求如下。

(1)如图 5-26 所示,系统中的操作工位 A、B、C,运料工位 D、E、F、G 及仓库操作工位 H 能对工件进行循环处理。

(2)闭合"启动"开关,工件经过传送工位 D 送至操作工位 A,在此工位完成加工后再由传送工位 E 送至操作工位 B,依次传送及加工,直至工件被送至仓库操作工位 H,由该工位完成对工件的入库操作,循环处理。

(3)按"复位"键,无论此时工件位于任何工位,系统均能复位至起始状态,即工件又重新开始从传送工位 D 处开始运送并加工。

(4)按"移位"键,无论此时工件位于任何工位,系统均能进入单步移位状态,即每按一次"移位"键,工件前进一个工位。

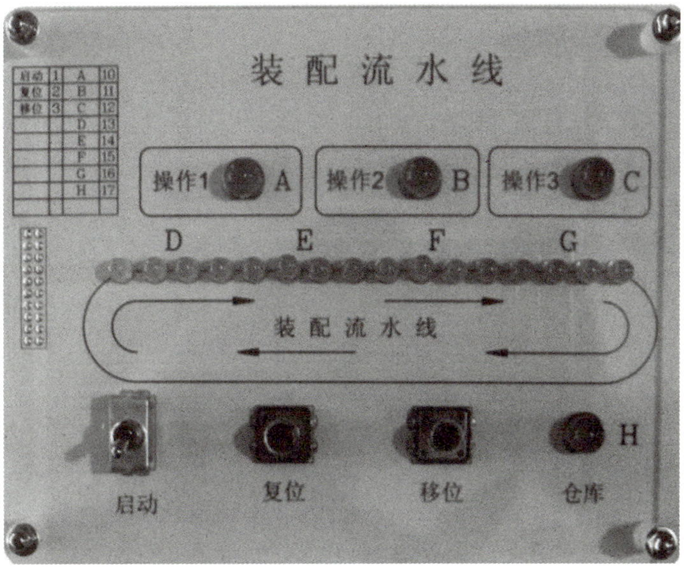

图 5-26　装配流水线装置

复习思考题

1. 电动机启动后 M1 运转 10 s 后停止 5 s；M2 运转 5 s 后停止 10 s；当 M1、M2 均停止时，M3 运转 5 s。动作 3 次后 M1、M2、M3 均停止，运行中按下停止按钮可使 M1、M2、M3 同时停止。试设计控制程序。

2. 设计一个小车自动控制程序，工作状态时 SA 闭合，具体要求如下：上电小车退回 *A* 点，*A* 点开关 SQ1 接通，*A* 点指示灯以 0.5 s 的间隔闪烁，按下启动按钮，小车前进，同时接通前进电动机，*A* 点指示灯灭；当前进至 *B* 点开关 SQ2 时，小车停止，*B* 点指示灯以 0.5 s 的间隔闪烁，延时 10 s 后自动返回，接通后退电动机，当后退至 *A* 点开关 SQ1 时，小车停止，*A* 点指示灯闪烁，3 s 后自动前进，如此往返；循环 3 次后小车在 *A* 点待命。

检修状态：当 SA 断开时，小车只能手动控制，按点动前进按钮，小车点动前进，小车接通前进电动机，前进至 *B* 点开关 SQ2 时小车停止；按点动后退按钮，小车点动后退，小车接通后退电动机，后退至 *A* 点开关 SQ1 时小车停止。

项目六

自动售货机控制

项目导入

在商场、影院、地铁、火车站候车厅等人员密集的场所，我们经常会看到销售饮料或小食品的自动售货机，自动售货机是怎么工作的呢？

自动售货机是机电一体化的自动化装置，在接收到货币已输入信号的前提下，通过触摸控制按钮，使控制器启动相关位置的机械装置完成规定动作，并将货物输出。整个过程具体如下。

(1)用户将货币投入投币口，货币识别器对所投货币进行识别。

(2)控制器根据金额将商品可售卖信息通过选货按键指示灯提供给用户，由用户自主选择欲购买的商品。

(3)用户按下选择商品所对应的按键，控制器接收到按键所传递过来的信息，驱动相应部件，售出用户选择的商品到达取物口。

(4)如果还有足够的余额，则可继续购买。超出一定时间，自动售货机将自动找出零币；或用户按下退币旋钮，退出零币。

(5)用户从退币口取出零币，完成此次交易。

一般的自动售货机由钱币装置、指示装置、储藏售货装置等组成。钱币装置是售货机的核心，其主要功能是确认投入纸币的真伪、分选钱币的种类、计算金额和找还零币。如果投入的金额达到购买物品的数值，即发出售货信号，并找出零币。指示装置用于指示顾客所选商品的种类。储藏售货装置保存商品，接收出售指示信号，把顾客选择的商品送至取物口。

知识目标

(1)了解S7-1200 PLC数据转换指令、数学函数指令的格式、功能及典型应用。

(2)了解数学函数指令的工作原理。

能力目标

(1)能根据控制要求正确进行S7-1200 PLC硬件组态与接线。

(2)能正确应用数据转换指令、数学函数指令，完成自动售货机控制的程序编制和调试，并进行简单的故障排查。

素质目标

(1)培养学生实事求是、精益求精的品质。

(2)培养学生创新性思维能力。

任务　自动售货机控制

一、任务描述

一台饮料自动售货机用于出售汽水和咖啡两种饮料，汽水 3 元一杯，咖啡 5 元一杯，顾客可以投入 1 元、2 元和 3 元三种硬币，如图 6-1 所示。

自动售货机控制系统时要求如下：

（1）按下投币按钮 1 元、2 元、3 元，数码显示投币金额为 01、02、03；

（2）显示金额减去所买货物金额后，数码显示余额，可以一次多买，直到金额不足，相应指示灯以 2 Hz 频率闪烁，并持续 2 s，提示当前余额不足；

（3）当投币余额不足时，如果继续投币则可连续购买；

（4）投币金额超过 100 元，数码显示低两位，但可以继续购物；

（5）购物 4 s 后，如果没有再操作，则取物口灯亮，10 s 后取物口灯灭，有余额则找零口灯亮；

（6）如不再买货物，按找零按钮，则退出全部金额，数码显示为零，找零口灯亮，10 s 后找零口灯灭。

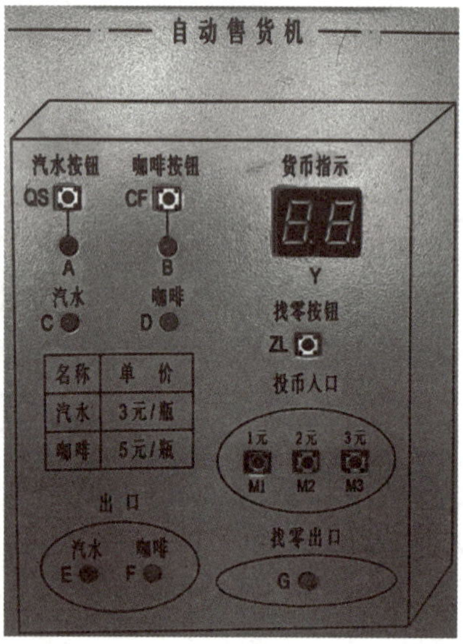

图 6-1　自动售货机模拟图

二、知识准备

1. 数据转换指令

S7-1200 PLC 中的数据转换指令用于将一种数据格式转换成另一种数据格式进行存储。例如，要让一个整数型数据和双整数型数据进行算术运算，一般要将整数型数据转换成双整型数据；要显示一个十进制整数数值，一般要将整数型数据转换成 BCD 码数据。博途组态软件提供的数据转换指令包括转换值指令

（CONV）、取整指令（ROUND）、标准化指令（NORM_X）和缩放指令（SCALE_X）等。

1）CONV 指令

CONV 指令用于将数据元素从一种数据类型转换为另一种数据类型，单击功能框名称下方的下拉按钮，即可从下拉列表中选择 IN 的数据类型和 OUT 的数据类型，如图 6-2 所示。选择完转换源的数据类型后，转换目标的下拉列表中将显示可能的转换项。例如，与 Bcd16 进行转换仅限于 Int 数据类型，与 Bcd32 进行转换仅限于 DInt 数据类型。

如果输入 IN 为 INF（无穷大）或（不存在），或者转换结果超出了 OUT 的数据类型的允许范围，则 ENO 的值为 0。

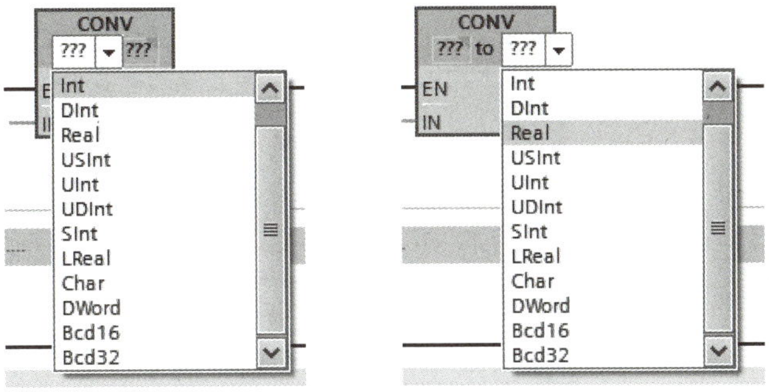

图 6-2　CONV 指令的数据类型

BCD 码为二进制代码表示的十进制数，即由四位二进制码表示一位十进制数，有 BCD16 码和 BCD32 码两种格式。BCD16 码中的四位十进制数字中，三位为数值，一位为符号，即二进制的 0~3 位是个位，4~7 位是十位，8~11 位是百位，12~15 位是符号位，如图 6-3 所示。BCD32 码中的八位十进制数字中，七位为数值，一位为符号，如图 6-4 所示。如果表示正数，则符号位为"0000"；如果表示负数，则符号位为"1111"。BCD16 码的最大表示范围为-999~999，BCD32 码的最大表示范围为-9 999 999~9 999 999。图 6-3 所示数值为-985，图 6-4 所示数值-1 357 985。整数转换成 BCD 码时，如果 IN 端指定的内容大于整数显示范围，则直接输出最大值到 OUT 端，PLC 不会停机；BCD 码转换成整数时，如果 IN 端指定数值的数据位超出 BCD 码表示范围（如 1010~1111），则执行指令将发生错误，使 CPU 进入 STOP 停机状态。

15			0
1111	1001	1000	0101
符号位	百位	十位	个位

图 6-3　BCD16 码格式

31			16	15			0
1111	0001	0011	0101	0111	1001	1000	0101
符号位	百万位	十万位	万位	千位	百位	十位	个位

图 6-4　BCD32 码格式

如图 6-5 所示，I0.0 的常开触点接通时，执行 CONV 指令，将 MD42 中的 32 位 BCD 码转换成双整数后送至 MD46，如果执行时没有出错，则有能流从 CONV 指令的 ENO 端输出。

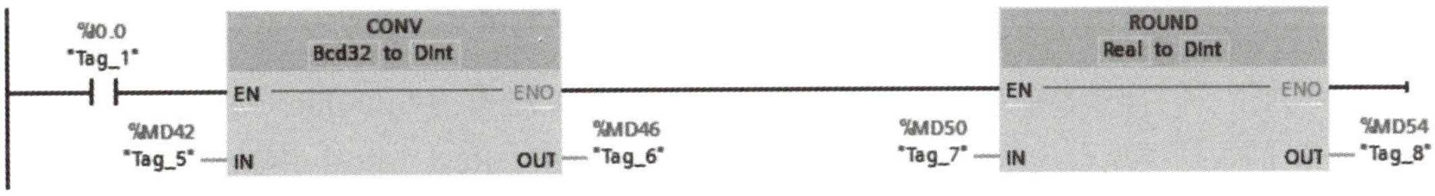

图 6-5　数据转换指令

2）取整和截取指令

ROUND 指令用于将实数转换为整数，实数的小数部分舍入为最接近的整数值。如果实数刚好是两个连续整数的一半（如 10.5），则实数舍入为偶数，如 ROUND（10.5）=10，ROUND（11.5）=12。

TRUNC 指令用于将实数转换为整数，实数的小数部分被截成零，如 TRUNC(+100.7)=100，TRUNC(-100.7)=-100。

CEIL 指令用于将实数转换为大于或等于该实数的最小整数，如 CEIL(100.2)=101，CEIL(-100.2)=-100。

FLOOR 指令用于将实数转换为小于或等于该实数的最大整数，如 FLOOR(100.2)=100，FLOOR(-100.2)=-101。

取整和截取指令的符号如图 6-6 所示。

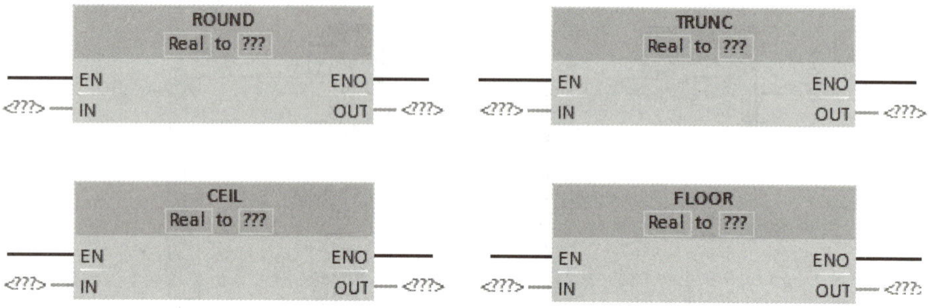

图 6-6　取整和截取指令的符号

2. 数学函数指令

在博途软件中，数学函数指令可以通过右边指令窗口“基本指令”→“数学函数”直接添加，如图 6-7 所示。

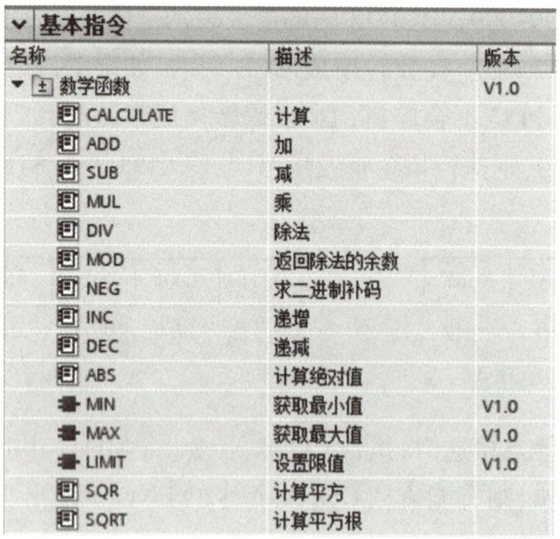

基本指令

名称	描述	版本
数学函数		V1.0
CALCULATE	计算	
ADD	加	
SUB	减	
MUL	乘	
DIV	除法	
MOD	返回除法的余数	
NEG	求二进制补码	
INC	递增	
DEC	递减	
ABS	计算绝对值	
MIN	获取最小值	V1.0
MAX	获取最大值	V1.0
LIMIT	设置限值	V1.0
SQR	计算平方	
SQRT	计算平方根	

图 6-7　博途软件中的部分数学函数指令

基本数学函数指令的符号及描述见表 6-1，IN1、IN2 的数据类型可为 SInt、Int、DInt、USInt、UInt、UDInt、Real、LReal，OUT 的数据类型可为 SInt、Int、DInt、USInt、UInt、UDInt、Real、LReal，IN1、IN2、OUT 的数据类型应该相同。

表 6-1　基本数学函数指令的符号及描述

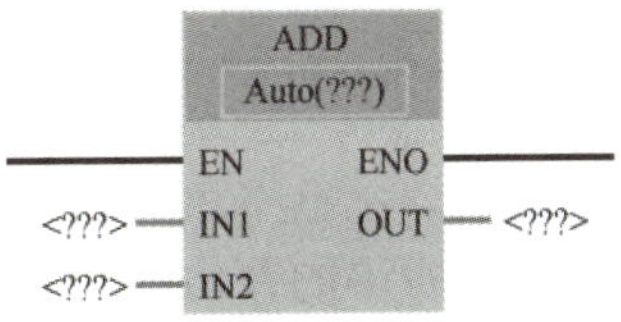 ADD:加法(IN1+IN2=OUT)	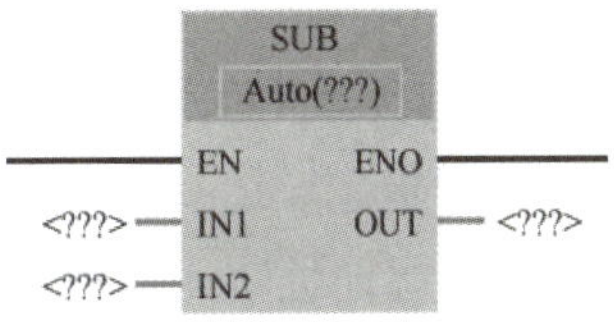 SUB:减法(IN1-IN2=OUT)
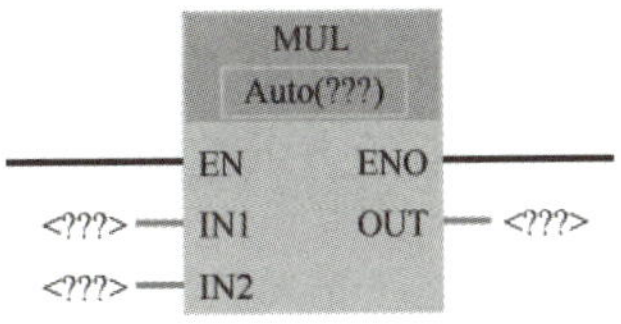 MUL:乘法(IN1 × IN2=OUT)	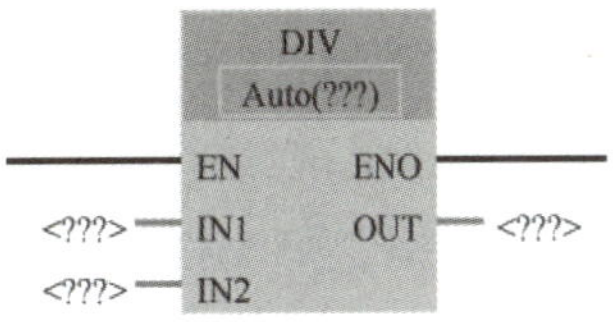 DIV:除法(IN1/IN2=OUT)

其他数学函数指令还有求模(MOD)指令、加 1(INC)指令、减 1(DEC)指令等,其符号及描述见表 6-2。

表 6-2　其他数学函数指令的符号及描述

符号	描述
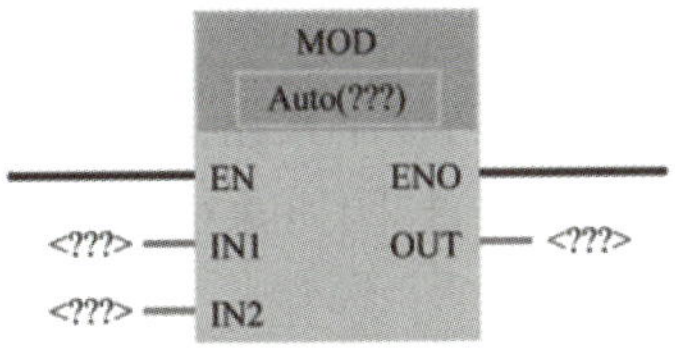	MOD(求模)指令用于 IN1 除以 IN2 为模的数学运算 运算 INIMODIN2=IN1-(IN1/IN2)=参数 OUT IN1 和 IN2 数据类型:Int、DInt、USInt、UInt、UDInt、Constant OUT 数据类型:Int、DInt、USInt、UInt、UDInt
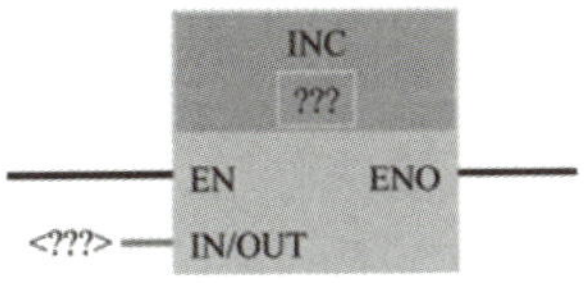	递增有符号或无符号整数值 INC(递增):参数 IN/OUT 值+1=参数 IN/OUT 值 IN、OUT 数据类型:SInt、Int、Dint、USInt、UInt、UDInt
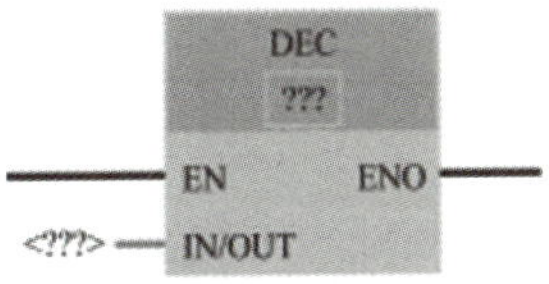	递减有符号或无符号整数值 DEC(递减):参数 IN/OUT 值-1=参数 IN/OUT 值 IN、OUT 数据类型:SInt、Int、DInt、USInt、UInt、UDInt

1)ADD(加法)指令

当使能输入端 EN 的状态为"1"时,启动指令,将源地址的 IN1 端数值与 IN2 端数值相加并传送至 OUT 端的目的地址中。通过 ADD 指令框中的"<??? >"下拉列表,可选择该指令的数据类型。

在初始状态,指令框中包含 2 个源地址输入端(IN1 和 IN2),可以单击图标扩展输入源地址输入端数目,在功能框中按升序对插入的源地址输入端进行编号,执行 ADD 指令时,将所有源地址输入端的数值相加,并将求得的和存储在输出端 OUT 的目的地址中。执行 ADD 指令时应注意,如果要将加运算后的数据送回原地址,使能端应使用边沿检测触点(P 触点或 N 触点),否则在能流流入的每个扫描周期都要加一次。

根据参数说明,只有在使能输入端 EN 的信号状态为"1"时才能执行 ADD 指令,此时使能输出端 ENO 的信号状态也为"1"。有下列情况之一,ENO 的信号状态为"0":

（1）使能输入端 EN 的信号状态为“0”；

（2）指令结果超出 OUT 指定数据类型的允许范围；

（3）浮点数具有无效数值。

2）SUB（减法）指令

SUB 指令是将源地址输入端的 IN1 端数值与 IN2 端数值相减，并将所得的差传送至 OUT 端的目的地址中。其相关参数与 ADD 指令相同。

3）MUL（乘法）指令

MUL 指令是将源地址输入端的 IN1 端数值与 IN2 端数值相乘，并将所得的积传送至 OUT 端的目的地址中。为避免运算错误，在执行乘法指令时，需关注乘积数值是否超出数值的表示范围和存储空间。

4）DIV（除法）指令和 MOD（返回除法余数）指令

除法分为 DIV（除法）指令和 MOD（返回除法余数）指令，前者是将运算结果的商传送至 OUT 端的目的地址中，而后者是将运算结果的余数传送至 OUT 端的目的地址中。需要注意的是，MOD 指令只有在整数相除时才能应用。

5）INC（递增）指令

使用 INC 指令，将参数 IN、OUT 中的操作数的值加 1。

6）DEC（递减）指令

使用 DEC 指令，将参数 IN、OUT 中的操作数的值减 1。

3. 应用举例

【例 6-1】 控制要求：按下按钮 I0.0，为 MW20 和 QB0 赋值常数“0”，即清零；按下按钮 I0.1，为 MW20 和 QB0 赋值 10，QB0 以十进制 BCD 码形式显示。其梯形图如图 6-8 所示，SIM 监控图如图 6-9 所示。

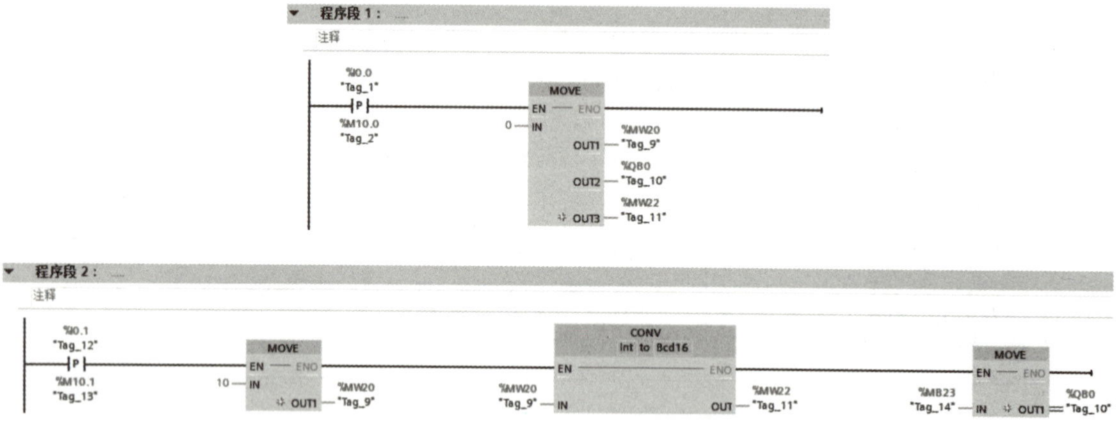

图 6-8　赋值与转换示例

在程序段 1 中，通过 MOVE 指令为 MW20、MW22 和 QB0 赋值“0”。在程序段 2 中，在对 MW20 赋值整数后，MW20 将其整数型的数据“10”转换为 4 位 BCD 码“0010”存入 MW22，即 MB22 存入“00”，MB23 存入“10”；然后 MB23 的数据再传送至 QB0，通过仿真监控可以看到 QB0 各位显示“00010000”，即十进制的 BCD 码形式。

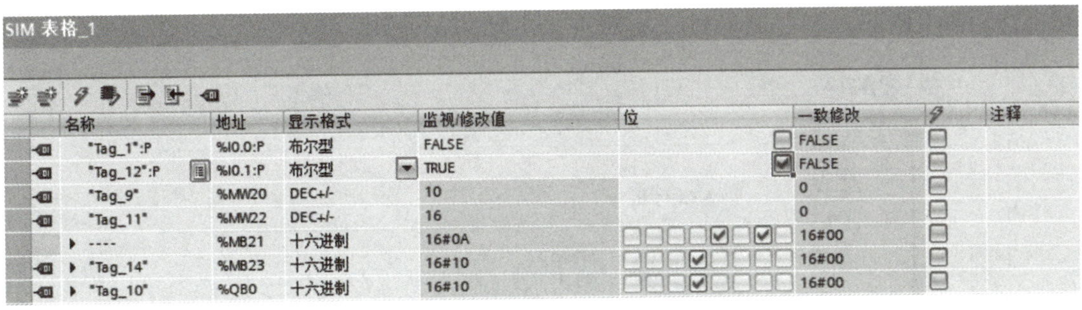
SIM 表格_1

名称	地址	显示格式	监视/修改值	位	一致修改	注释
"Tag_1":P	%I0.0:P	布尔型	FALSE		FALSE	
"Tag_12":P	%I0.1:P	布尔型	TRUE		FALSE	
"Tag_9"	%MW20	DEC+/-	10		0	
"Tag_11"	%MW22	DEC+/-	16		0	
----	%MB21	十六进制	16#0A		16#00	
"Tag_14"	%MB23	十六进制	16#10		16#00	
"Tag_10"	%QB0	十六进制	16#10		16#00	

图 6-9　仿真软件的 SIM 监控图

【例 6-2】 压力变送器的量程为 0~10 MPa，输出信号为 0~10 V，被 CPU 集成的模拟量输入的通道 0 的地址 IW64 转换为 0~27 648 的数字。假设转换后的数字为 N，试求以 kPa 为单位的压力值。

解： $P=(10\,000\times N)/27\,648\,(\mathrm{kPa})$　　(6-1)

值得注意的是，在运算时一定要先乘后除，否则将会损失原始数据的精度。

上式中乘法运算的结果可能会大于一个字能表示的最大值，因此应使用数据类型为双整数的乘法和除法，如图 6-10 所示。因此，首先使用 CONV 指令将 IW64 转换为双整数(DInt)。

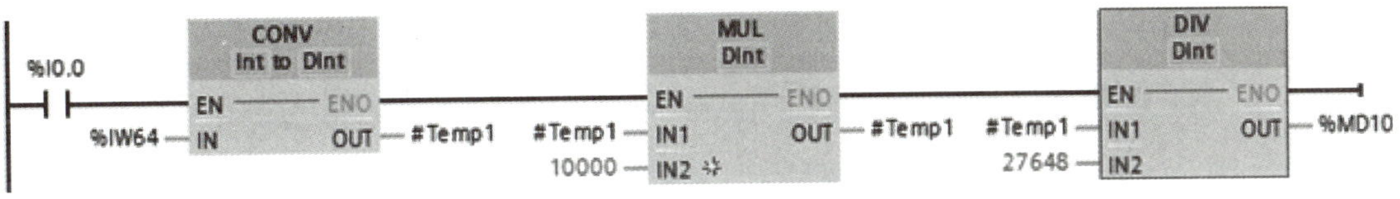

图 6-10　使用整数运算指令的压力计算程序

双整数除法指令 DIV 的运算结果为双整数，但是由式(6-1)可知运算结果实际上不会超过 16 位正整数的最大值 32 767，所以双字 MD10 的高位字 MW10 为 0，运算结果的有效部分在 MD10 的低位字 MW12 中。

【例 6-3】 使用浮点数运算计算例 6-2 以 kPa 为单位的压力值。

解　将式(6-1)改写为

$P=(10\,000\times N)/27\,648=0.361\,690\times N\,(\mathrm{kPa})$　　(6-2)

在 OB1 的接口区定义数据类型为 Real 的局部变量 Temp2，用来保存运算的中间结果。首先用 CONV 指令将 IW64 转换为实数，再用实数 MUL 指令完成式(6-2)的运算，最后用 ROUND 指令将运算结果四舍五入为整数，如图 6-11 所示。

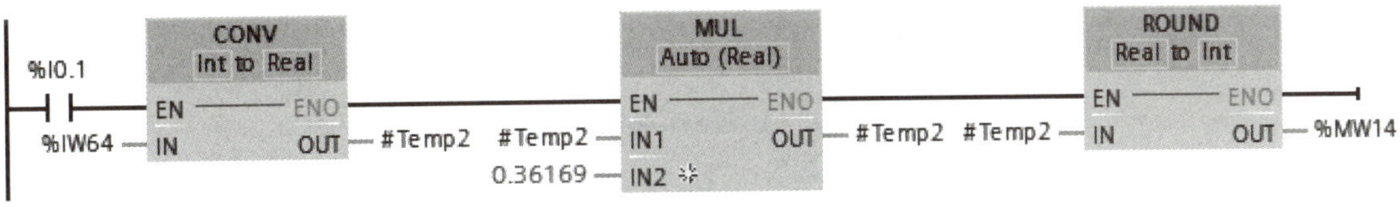

图 6-11　使用浮点数运算指令的压力计算程序

【例 6-4】 16 个小灯一端向另一端依次亮 1 s，循环往复。控制要求：初始状态为 8 个小灯全部熄灭。按下按钮，I0.0 闭合，第一个小灯亮起，1 s 后第一个小灯熄灭同时第二个小灯亮起，以此类推直至最后一个小灯亮起后熄灭，再从第一个小灯开始，循环往复。I0.0 断开，恢复初始状态。

分析：根据前面项目的学习，我们可以通过定时器、移位指令等方法实现小灯循环亮起，下面采用运算指令实现该功能，梯形图如图 6-12 所示。

程序段 1 为初始状态，按钮 I0.0 断开，MW20、QW0 全部为“0”，16 个小灯全部熄灭；程序段 2 中，每秒 MW20 自我相加一次，相当于乘以“2”，对于十六进制整数等同于左移一位；程序段 3 实现输出显示；程序段

4 中，在按下按钮 I0.0 瞬间和 MW20 最高位为“1”时，对 MW20 赋初值。

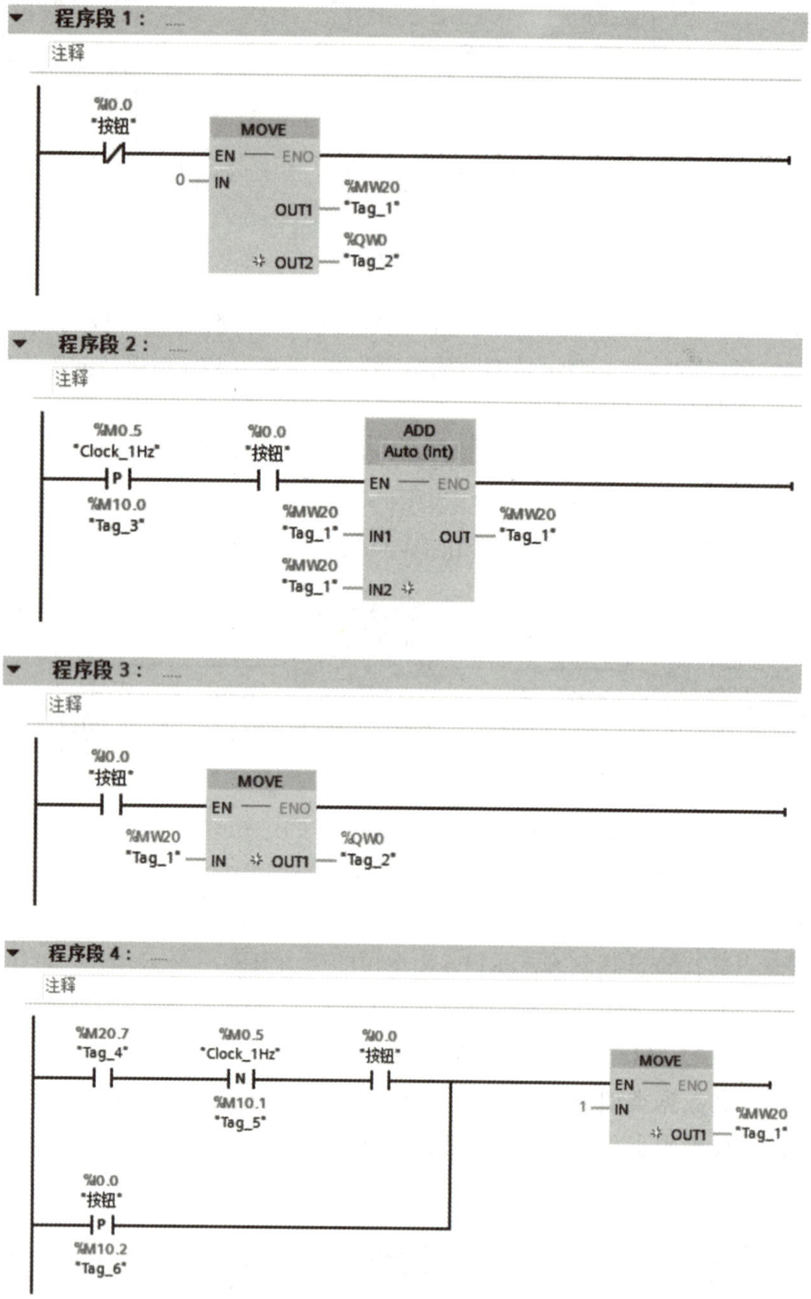

图 6-12　小灯循环点亮梯形图

三、任务实施

1. 硬件设计

1）输入/输出地址分配

根据本任务中自动售货机的控制要求，CPU 1215C DC/DC/DC 自带的输出口共有 10 路数字量输出，不能满足系统要求，由此我们增加了信号模块 SM1223（16 输入 DC 24 V/16Rly 输出），扩展 S7-1200 PLC 的输入/输出点数。I0.0~I0.5 分别接汽水、咖啡、1 元投币、2 元投币、3 元投币和找零按钮输入；输出 Q0.0~Q0.3

用于金额显示的个位，Q0.4~Q0.7 用于金额显示的十位，SM1223 的 Q2.0~Q2.2 接找零、汽水、咖啡出口，Q2.3、Q2.4 接汽水、咖啡指示灯，输入/输出地址分配见表 6-3。

表 6-3 输入/输出地址分配表

输入/输出	元器件	地址
输入	汽水按钮 QS	I0.0
	咖啡按钮 CF	I0.1
	1 元投币按钮 M1	I0.2
	2 元投币按钮 M2	I0.3
	3 元投币按钮 M3	I0.4
	找零按钮 ZL	I0.5
输出	A0	Q0.0
	B0	Q0.1
	C0	Q0.2
	D0	Q0.3
	A1	Q0.4
	B1	Q0.5
	C1	Q0.6
	D1	Q0.7
	找零出口 G	Q2.0
	汽水出口 E	Q2.1
	咖啡出口 F	Q2.2
	汽水灯 C	Q2.3
	咖啡灯 D	Q2.4

2)控制电路接线图

自动售货机控制电路接线图如图 6-13 所示，输入、输出部分都采用外接直流电源供电，Q0.0~Q0.7 为投币金额显示。

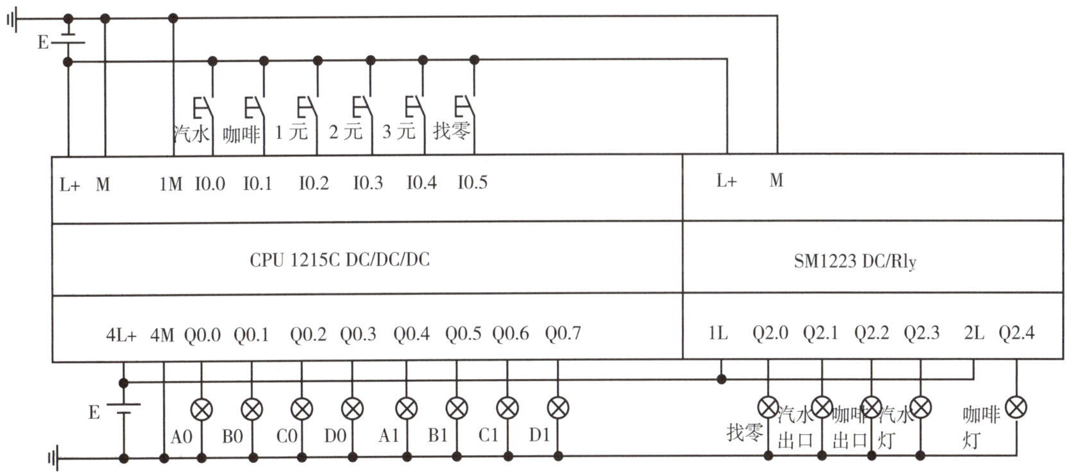

图 6-13 自动售货机控制电路接线图

2. 软件设计

本任务需要详细了解数学函数指令的工作原理，对运算的功能、参数定义、数据类型等要熟悉，有效地利用各类指令满足控制要求，实现控制系统的各项功能。

1)系统存储器和时钟存储器的设置

为了实现货物灯闪烁指示功能，需要设置时钟存储器，打开 PLC 的设备视图选择“属性”，单击巡视窗口左边的“系统和时钟存储器”，勾选“允许使用系统存储器字节”复选框，选择 MB1 作为系统存储器字节的地址，MB0 作为时钟存储器字节的地址，如图 6-14 所示。

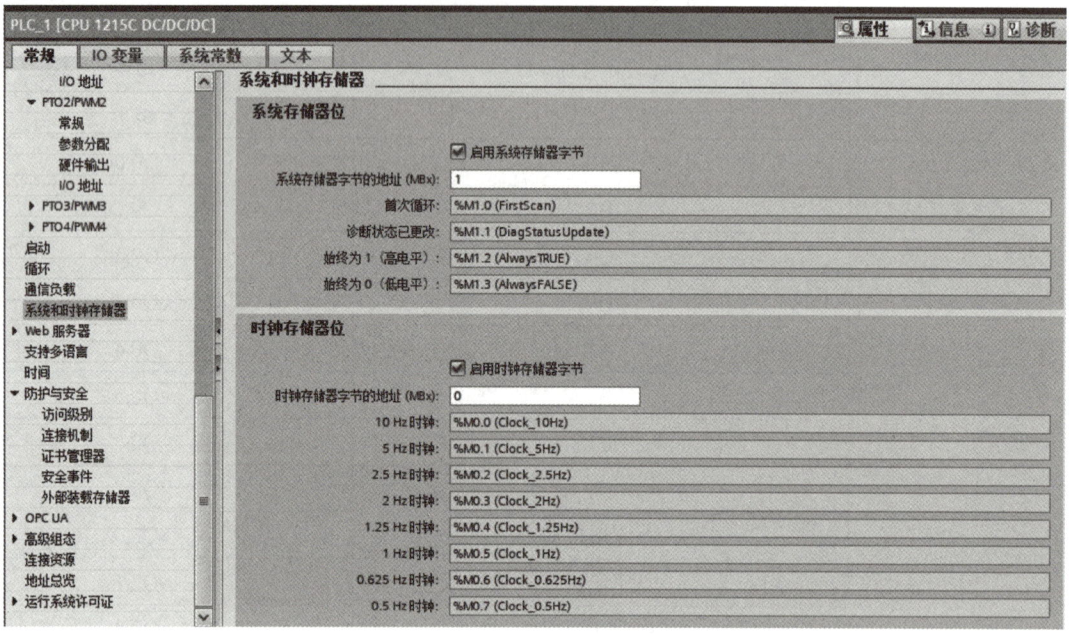

图 6-14　组态系统储存器和时钟存储器

2)PLC 变量的定义

根据输入/输出地址分配，PLC 变量的定义如图 6-15 所示。

PLC 变量

	名称	变量表	数据类型	地址 ▲	保持	从 H...	从 H...	在 H...	注释
1	汽水QS	默认变量表	Bool	%I0.0	☐	☑	☑	☑	
2	咖啡CF	默认变量表	Bool	%I0.1	☐	☑	☑	☑	
3	1元M1	默认变量表	Bool	%I0.2	☐	☑	☑	☑	
4	2元M2	默认变量表	Bool	%I0.3	☐	☑	☑	☑	
5	3元M3	默认变量表	Bool	%I0.4	☐	☑	☑	☑	
6	找零ZL	默认变量表	Bool	%I0.5	☐	☑	☑	☑	
7	金额显示	默认变量表	Byte	%QB0	☐	☑	☑	☑	
8	A0	默认变量表	Bool	%Q0.0	☐	☑	☑	☑	
9	B0	默认变量表	Bool	%Q0.1	☐	☑	☑	☑	
10	C0	默认变量表	Bool	%Q0.2	☐	☑	☑	☑	
11	D0	默认变量表	Bool	%Q0.3	☐	☑	☑	☑	
12	A1	默认变量表	Bool	%Q0.4	☐	☑	☑	☑	
13	B1	默认变量表	Bool	%Q0.5	☐	☑	☑	☑	
14	C1	默认变量表	Bool	%Q0.6	☐	☑	☑	☑	
15	D1	默认变量表	Bool	%Q0.7	☐	☑	☑	☑	
16	找零G	默认变量表	Bool	%Q1.0	☐	☑	☑	☑	
17	汽水出口E	默认变量表	Bool	%Q1.1	☐	☑	☑	☑	
18	咖啡出口F	默认变量表	Bool	%Q1.2	☐	☑	☑	☑	
19	汽水灯	默认变量表	Bool	%Q1.3	☐	☑	☑	☑	
20	咖啡灯	默认变量表	Bool	%Q1.4	☐	☑	☑	☑	
21	Clock_Byte	默认变量表	Byte	%MB0	☐	☑	☑	☑	
22	Clock_10Hz	默认变量表	Bool	%M0.0	☐	☑	☑	☑	
23	Clock_5Hz	默认变量表	Bool	%M0.1	☐	☑	☑	☑	

图 6-15　PLC 变量的定义

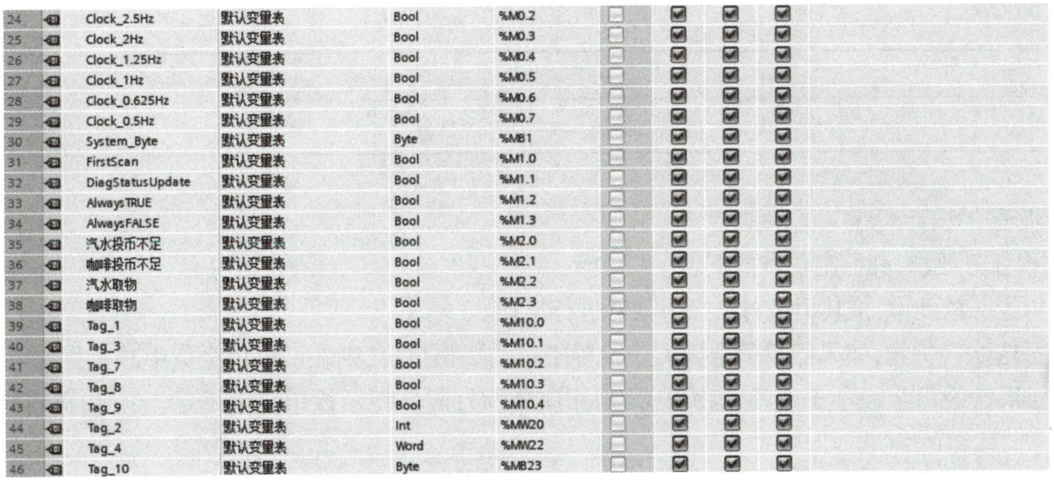

24	Clock_2.5Hz	默认变量表	Bool	%M0.2	☐	☑	☑	☑	
25	Clock_2Hz	默认变量表	Bool	%M0.3	☐	☑	☑	☑	
26	Clock_1.25Hz	默认变量表	Bool	%M0.4	☐	☑	☑	☑	
27	Clock_1Hz	默认变量表	Bool	%M0.5	☐	☑	☑	☑	
28	Clock_0.625Hz	默认变量表	Bool	%M0.6	☐	☑	☑	☑	
29	Clock_0.5Hz	默认变量表	Bool	%M0.7	☐	☑	☑	☑	
30	System_Byte	默认变量表	Byte	%MB1	☐	☑	☑	☑	
31	FirstScan	默认变量表	Bool	%M1.0	☐	☑	☑	☑	
32	DiagStatusUpdate	默认变量表	Bool	%M1.1	☐	☑	☑	☑	
33	AlwaysTRUE	默认变量表	Bool	%M1.2	☐	☑	☑	☑	
34	AlwaysFALSE	默认变量表	Bool	%M1.3	☐	☑	☑	☑	
35	汽水投币不足	默认变量表	Bool	%M2.0	☐	☑	☑	☑	
36	咖啡投币不足	默认变量表	Bool	%M2.1	☐	☑	☑	☑	
37	汽水取物	默认变量表	Bool	%M2.2	☐	☑	☑	☑	
38	咖啡取物	默认变量表	Bool	%M2.3	☐	☑	☑	☑	
39	Tag_1	默认变量表	Bool	%M10.0	☐	☑	☑	☑	
40	Tag_3	默认变量表	Bool	%M10.1	☐	☑	☑	☑	
41	Tag_7	默认变量表	Bool	%M10.2	☐	☑	☑	☑	
42	Tag_8	默认变量表	Bool	%M10.3	☐	☑	☑	☑	
43	Tag_9	默认变量表	Bool	%M10.4	☐	☑	☑	☑	
44	Tag_2	默认变量表	Int	%MW20	☐	☑	☑	☑	
45	Tag_4	默认变量表	Word	%MW22	☐	☑	☑	☑	
46	Tag_10	默认变量表	Byte	%MB23	☐	☑	☑	☑	

图 6-15　PLC 变量的定义（续）

3）数码管显示

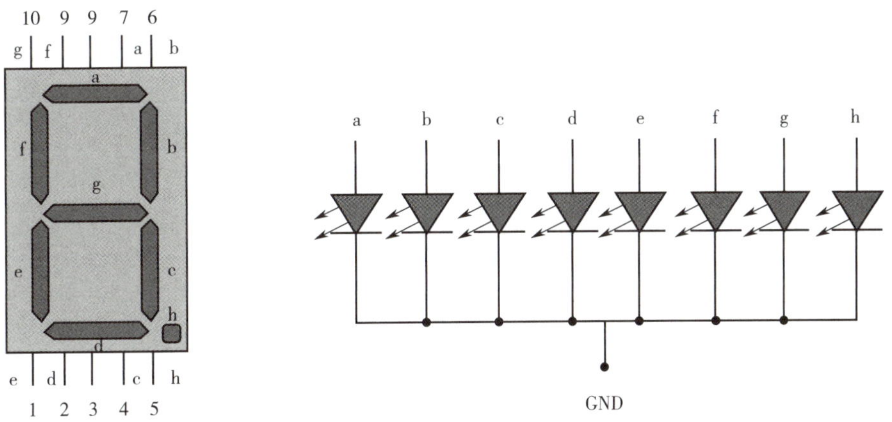

图 6-16　数码管的结构

本任务中采用数码管作为投币显示器件，数码管是半导体发光元件，其基本单元是发光二极管。发光二极管单元可根据连接方式分为共阳极数码管和共阴极数码管。共阴极数码管是把所有发光管的阴极连接到 GND，当任何一段发光二极管的阳极为高电平时，相应的段将亮起，当阳极为低电平时，该段也保持不亮。本任务采用共阴数码管，其结构图如图 6-16 所示，共阴极七段显示码与数字对应关系见表 6-4。

表 6-4　共阴极七段显示码与数字对应关系

数字显示码	a	b	c	d	e	f	g
0	1	1	1	1	1	1	0
1	0	1	1	0	0	0	0
2	1	1	0	1	1	0	1
3	1	1	1	1	0	0	1
4	0	1	1	0	0	1	1
5	1	0	1	1	0	1	1
6	1	0	1	1	1	1	0
7	1	1	1	0	0	0	0

续表

8	1	1	1	1	1	1	1
9	1	1	1	1	0	1	1

4）梯形图的设计

根据本任务要求，其控制要点如下。

（1）每投一枚硬币，按其币值对已投币金额进行累加。

（2）每选购一货物，如果已投币金额大于或等于选购货物单价，则在已投币金额中减去货物金额，并售出货物；如果已投币金额小于选购货物单价，则相应货物灯闪烁指示投币金额不足，2 s 内可再投币继续购物。

（3）购物 4 s 后，如果没有再操作，则取物口灯亮，若有余额则退币口灯亮，取物口打开 10 s 后关闭。

（4）如不买货物，按退币按钮，则退出全部金额，数码显示为零，退币口打开，10 s 后退币口关闭。

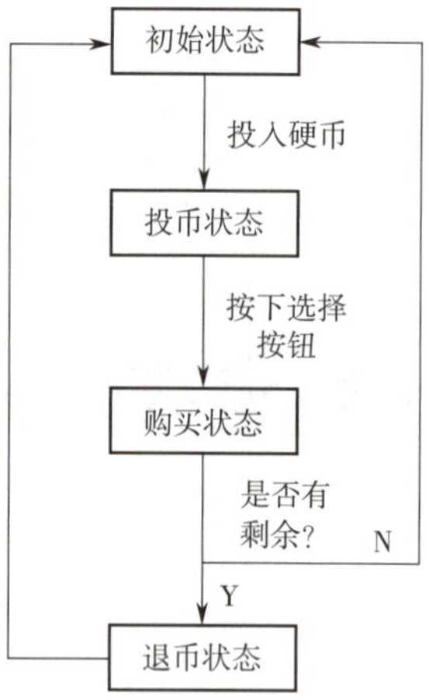

图 6-17　自动售货机控制流程图

自动售货机流程图如图 6-17 所示，根据控制要求编写的自动售货机控制梯形图如图 6-18 所示。程序段 1 实现投币金额累加计算，在已投币金额存储区中累加所投币金额。程序段 2 实现选购货物金额扣除计算，按下所选货物按钮，当前投币金额大于或等于所选货物金额时，在已投币金额中减去所选货币金额并对有货物信号置位，否则对投币金额不足信号置位。程序段 3 实现按找零按钮结束购物，找零口打开，取物口关闭，投币金额显示清零。程序段 4、5 实现取货及退币，购物成功 4 s 后取物口打开可以取货，找零口打开可以退还余额，如果余额为零，找零口不打开。程序段 6、7 实现投币金额不足时，相应货物的信号灯闪烁指示 2 s。程序段 8 实现找零口、取物口定时关闭，找零口、取物口打开 10 s 后关闭。程序段 9 实现显示当前金额，将当前投币金额变换为 BCD 码传送至显示区输出。

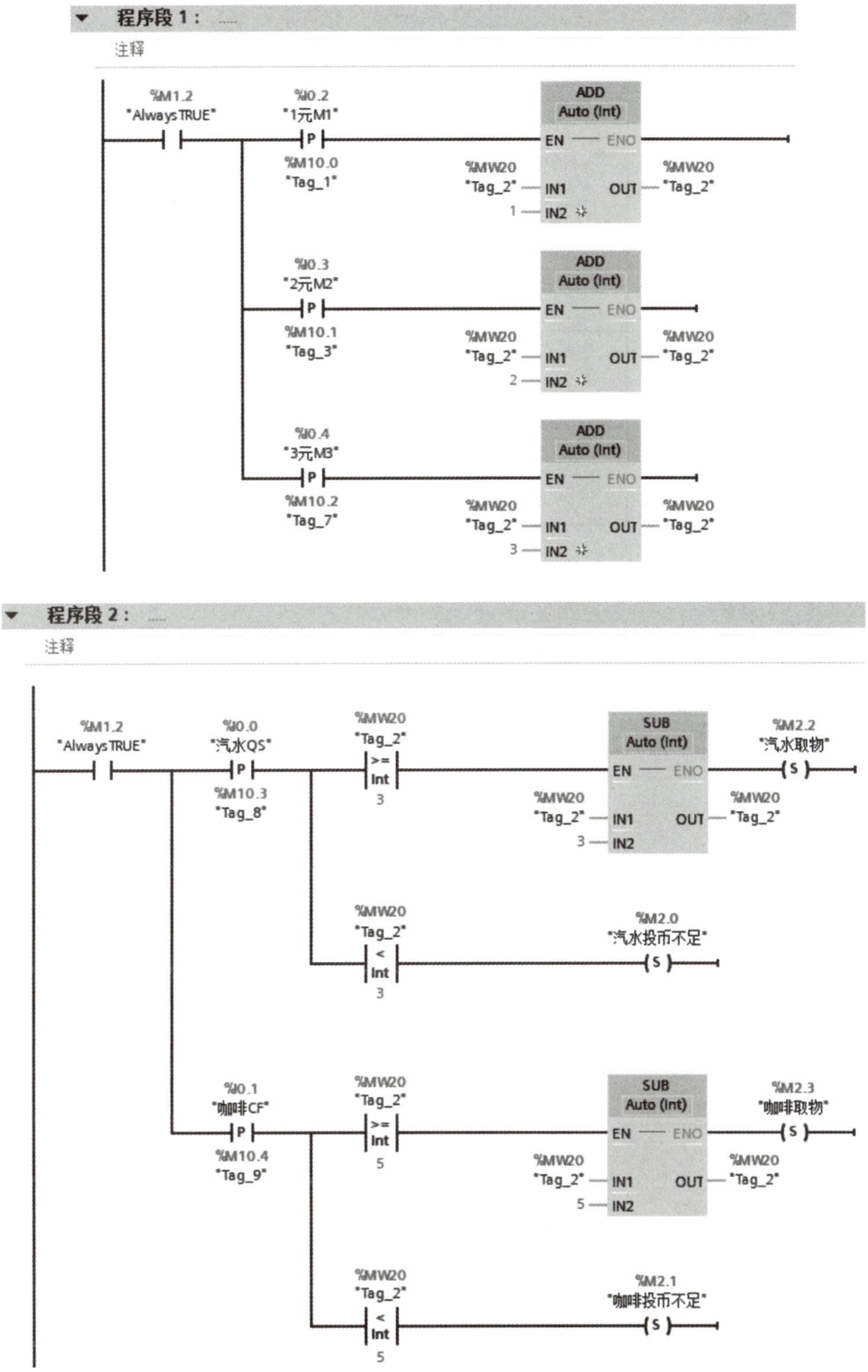

图 6-18　自动售货机控制梯形图

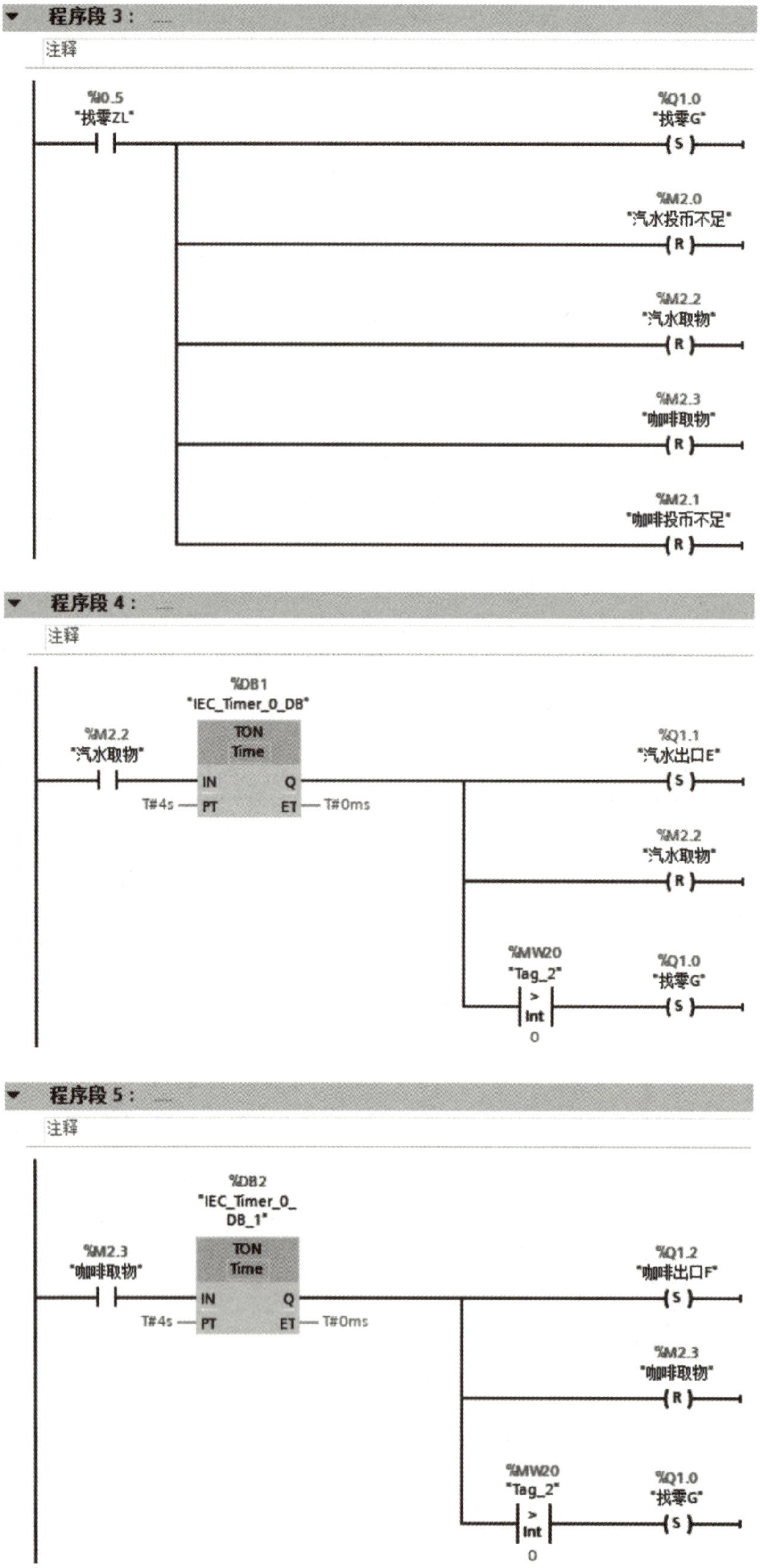

图 6-18　自动售货机控制梯形图(续)

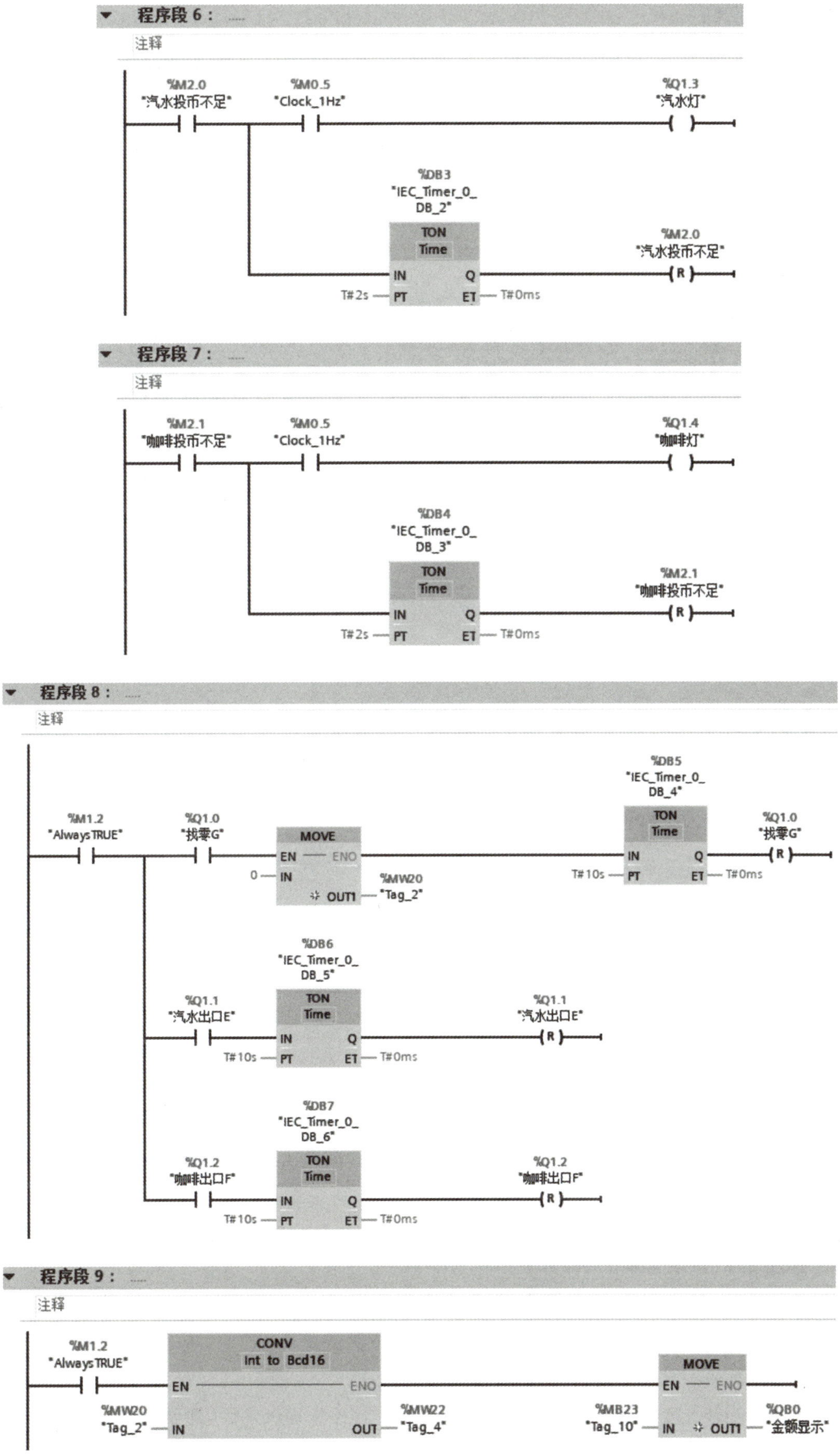

图 6-18　自动售货机控制梯形图(续)

3. 程序调试运行

利用博途自带的仿真软件进行仿真调试和程序状态监控，图 6-19 所示为生成的仿真表。两次单击“2 元 M2：P”的“位”栏中的小方框，模拟 2 元按钮的按下和释放操作，投币金额累加，Q0.1 置位，数码管显示金额“2”。按照同样的方法，点击“1 元 M1：P”和“3 元 M3：P”，投币金额累加，点击“汽水 QS：P”和“咖啡 CF：P”，模拟购买货物，按照本任务中自动售货机的控制要求验证每一项功能。

仿真调试完成后，按照自动售货机控制电路接线图连接 PLC 及外围硬件，在自动售货机实训装置完成程序调试运行。

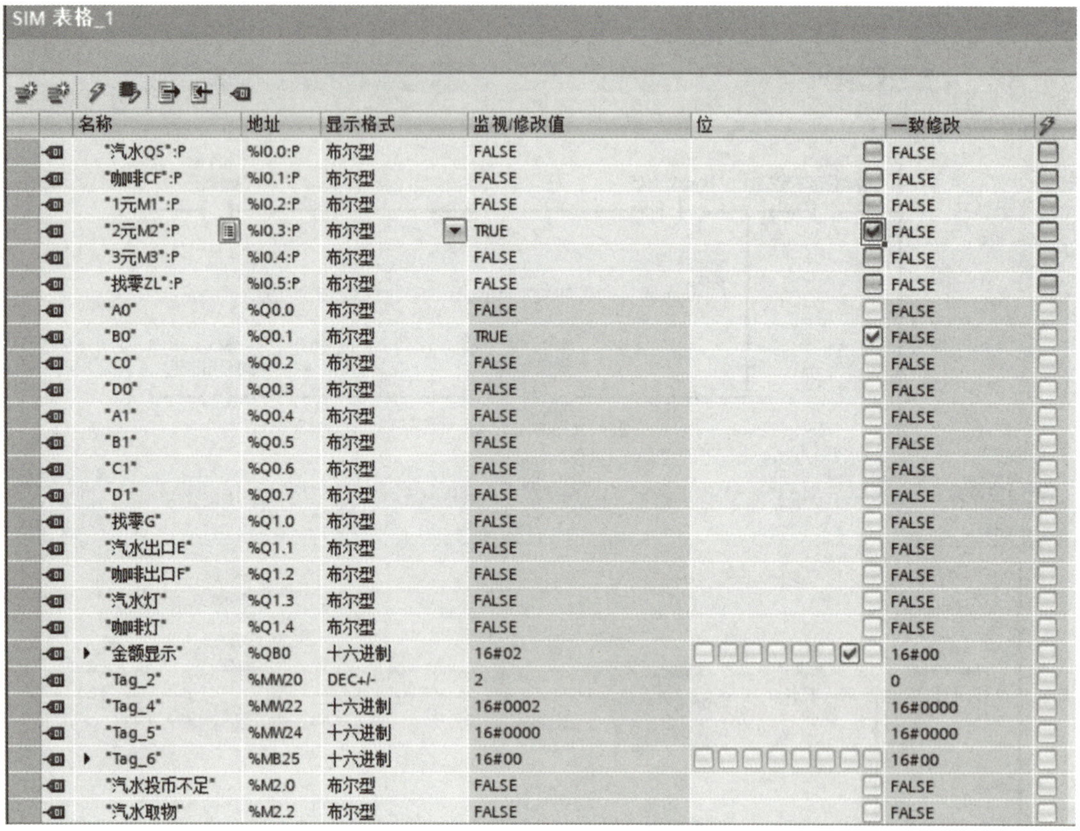

SIM 表格_1

名称	地址	显示格式	监视/修改值	位	一致修改
"汽水QS":P	%I0.0:P	布尔型	FALSE	☐	FALSE
"咖啡CF":P	%I0.1:P	布尔型	FALSE	☐	FALSE
"1元M1":P	%I0.2:P	布尔型	FALSE	☐	FALSE
"2元M2":P	%I0.3:P	布尔型	TRUE	☑	FALSE
"3元M3":P	%I0.4:P	布尔型	FALSE	☐	FALSE
"找零ZL":P	%I0.5:P	布尔型	FALSE	☐	FALSE
"A0"	%Q0.0	布尔型	FALSE	☐	FALSE
"B0"	%Q0.1	布尔型	TRUE	☑	FALSE
"C0"	%Q0.2	布尔型	FALSE	☐	FALSE
"D0"	%Q0.3	布尔型	FALSE	☐	FALSE
"A1"	%Q0.4	布尔型	FALSE	☐	FALSE
"B1"	%Q0.5	布尔型	FALSE	☐	FALSE
"C1"	%Q0.6	布尔型	FALSE	☐	FALSE
"D1"	%Q0.7	布尔型	FALSE	☐	FALSE
"找零G"	%Q1.0	布尔型	FALSE	☐	FALSE
"汽水出口E"	%Q1.1	布尔型	FALSE	☐	FALSE
"咖啡出口F"	%Q1.2	布尔型	FALSE	☐	FALSE
"汽水灯"	%Q1.3	布尔型	FALSE	☐	FALSE
"咖啡灯"	%Q1.4	布尔型	FALSE	☐	FALSE
"金额显示"	%QB0	十六进制	16#02	☐☐☐☐☐☐☑☐	16#00
"Tag_2"	%MW20	DEC+/-	2		0
"Tag_4"	%MW22	十六进制	16#0002		16#0000
"Tag_5"	%MW24	十六进制	16#0000		16#0000
"Tag_6"	%MB25	十六进制	16#00	☐☐☐☐☐☐☐☐	16#00
"汽水投币不足"	%M2.0	布尔型	FALSE	☐	FALSE
"汽水取物"	%M2.2	布尔型	FALSE	☐	FALSE

图 6-19　自动售货机控制仿真表

任务拓展

在实际应用中，自动售货机储存货物数量是有一定限制的。当某种货物售罄时，再选购该种货物将被视为无效操作，只有补充货物后才可再次售出。可否完善 PLC 控制程序实现该功能？自动售货机是否应有一个管理员带锁开关，以便打开售货机补充货物和对其维护管理？

提示：

(1)每种货物应设置一个专用计数器，在计算当前投币金额计算的同时，还要对计数器消减货物数量；

(2)计数器中数值若为“0”，要约束该货物售出；

(3)货物补充和计数器复位须由管理员通过带锁开关打开售货机完成(通常会有专用机械锁和专用按钮完成，也可由按键密码操作和按键复用方式实现)。

复习思考题

1. 编写程序,将 MW10 中的电梯轿厢所在的楼层数转换为 2 位 BCD 码后送给 QB2,通过两片译码驱动芯片和七段显示器显示楼层数,如图 6-20 所示。

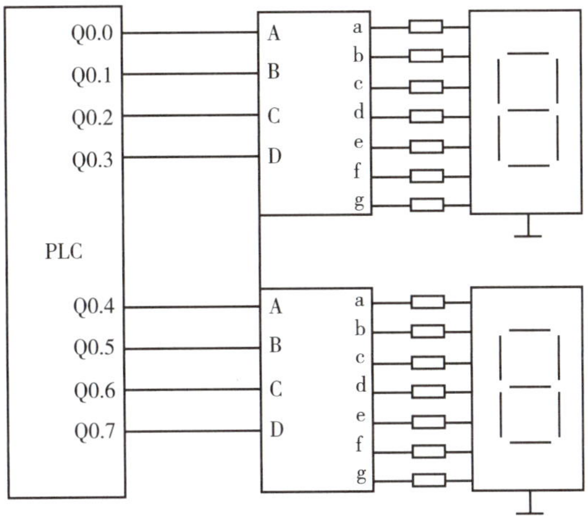

图 6-20　LED 七段显示器电路

2. 现场有“+”和“-”两个按钮用于数值输入,两数码管用于显示。控制要求:按下“+”按钮,数值个位加“1”,持续按下“+”按钮 3 s 后数值十位每秒加“1”,直至“99”止;按下“-”按钮,数值个位减“1”,持续按下“-”按钮 3 s 后数值十位每秒减“1”,直至“0”止。根据控制要求,完成相应接线、程序编写和调试。

项目七

多种液体混合控制

项目导入

在炼油、化工、制药等行业中，多种液体混合是必不可少的程序。但由于这些行业存在较多易燃易爆、有毒有腐蚀性的介质，导致现场工作环境十分恶劣，不适合人工现场操作。以PLC为核心的多种液体混合控制装置，可取代人工自动控制配比、搅拌、加热等生产设备，被广泛应用于食品、化工、制药、炼油等行业，不但可以提升系统的可靠性和免维护性，还可以提升产品生产效率，缩短生产设计周期，从而为企业获取更多的经济效益。

随着工业技术的发展，人们对混合液体的配比提出了更高的要求，混合液体的质量取决于液体混合系统的设计、制造和液位高度检测等环节，而液位高度是影响混合液体质量的关键因素。本项目要求设计一个液体混合系统，该系统应能检测液位高度，并能控制液体的排放。

知识目标

- (1)了解S7-1200 PLC的模拟量模块。
- (2)掌握模拟量信号采集与处理及规范化指令。

能力目标

- (1)能根据控制要求正确进行S7-1200 PLC硬件组态与接线。
- (2)能正确选用模拟量信号处理指令，完成液体混合控制系统的设计，并进行简单的故障排查。

素质目标

- (1)培养学生理论联系实际、分析问题和解决问题的能力。
- (2)提高学生团结协作能力。

任务 多种液体混合控制

一、任务描述

由一个投入式液位传感器(输出电压为 0~10 V)来检测液位高度,并进行液位显示,液体混合系统示意图如图 7-1 所示,现要求将 A、B 两种液体原料按比例混合,其控制要求如下:按下启动按钮后,进料泵 X1 打开,开始加入料 A,容器中的液位升高 30%后,关闭进料泵 X1,打开进料泵 X2,开始加入料 B,当液位高度到达 80%后,关闭进料泵 X2,启动搅拌器,搅拌 10 s 后,关闭搅拌器,打开出料泵 X3,当液料放空后,延时 5 s 关闭出料泵 X3,如此循环;按下停止按钮,一个周期循环结束后方可停止工作。

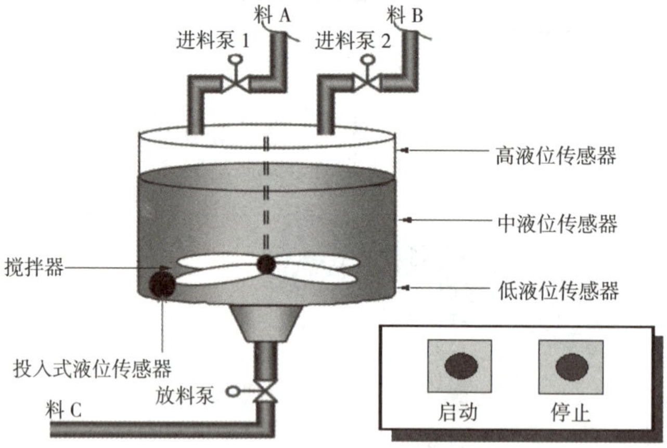

图 7-1 液体混合系统示意图

二、知识准备

1. 模拟量控制

在生产过程中有大量连续变化的模拟量,有些是非电量,如温度、压力、流量、液位、速度等,需要利用传感器进行检测,用变送器将非电量转换为标准的模拟量(电压或电流),并将模拟量输送到模拟量输入模块,在模拟量输入模块完成 A/D 转换,生成数字量送到 CPU 进行数据处理。同时,CPU 可以将数字量输送到模拟量输出模块,并转换为模拟量,加到执行机构。模拟量模块的作用如图 7-2 所示。

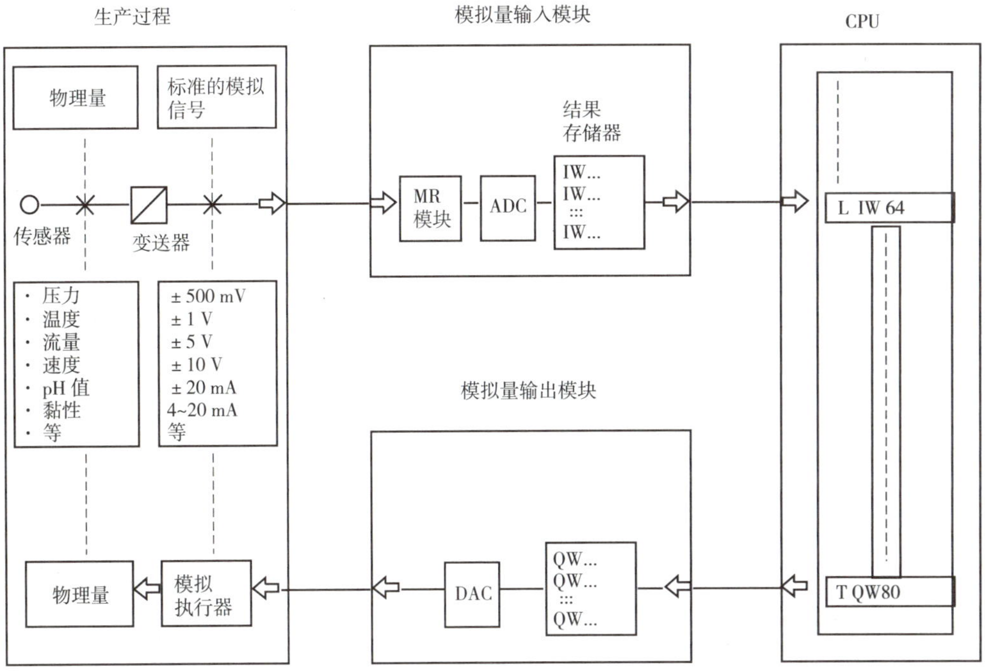

图 7-2　模拟量模块的作用

S7-1200 PLC 的 CPU 模块上自带 2 路模拟量输入模块，默认地址为 IW64 和 IW66，输入量为电压，电压范围为 0~10 V，如图 7-3 所示。与模拟量有关的主要参数和功能如下。

（1）积分时间，对应的频率可选 10 Hz、50 Hz、60 Hz、400 Hz，如果积分时间为 20 ms，则对 50 Hz 的干扰噪声有很强的抑制作用。为了抑制工频信号对模拟量信号的干扰，一般选择积分时间为 20 ms。

（2）滤波等级，用户可以在滤波的 4 个等级“无、弱、中、强”中进行选择，设置经过 A/D 转换得到的模拟量的滤波等级，对应计算平均值的模拟量采样值的个数分别为 1、4、16 和 32。所选的滤波等级越高，滤波后的模拟量越稳定，但测量的快速性越差。

（3）溢出诊断功能，用户可以选择是否启用超出上限或低于下限的溢出诊断功能。

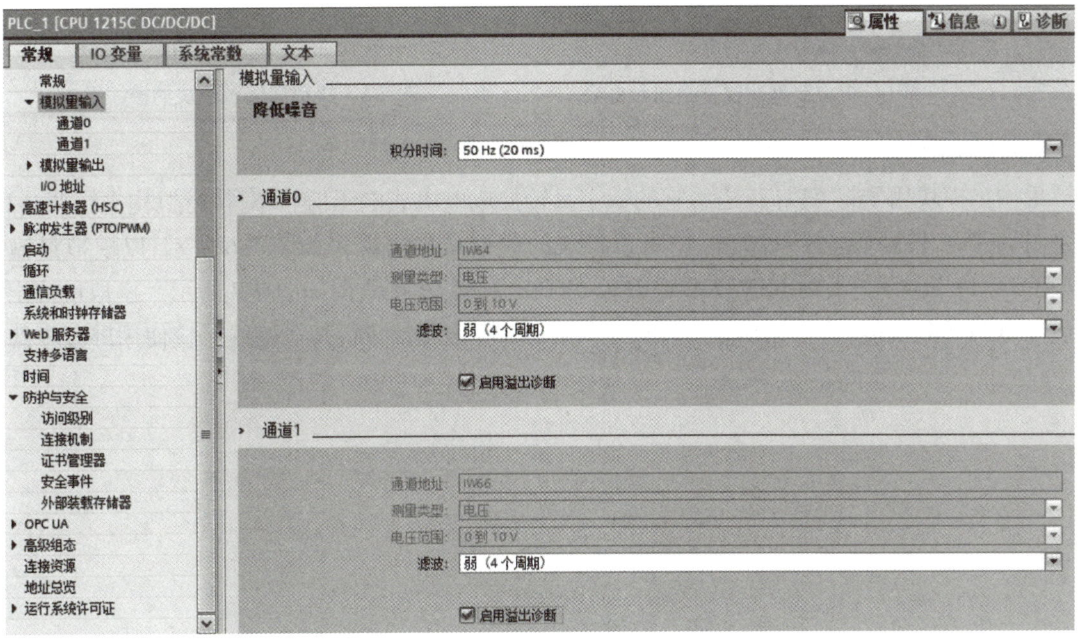

图 7-3　模拟量输入

S7-1200 PLC 的 CPU 模块上没有模拟量输出模块，但可以在 CPU 模块上添加模拟量输出的信号板或者扩展模拟量输入/输出模块。

1)模拟量模块

Ⅰ. 模拟量输入模块

模拟量输入模块用于将模拟量转换为 CPU 内部可处理的数字量，其主要部件是 A/D 转换器。根据转换为数字量的位数不同，A/D 转换器可分为 13 位和 16 位，用于将标准的电压或电流信号转换为数字量。同时，也有热电阻、热电偶式 A/D 转换器，S7-1200 PLC 可以扩展的模拟量输入模块如图 7-4 所示。以模拟量输入模块 SM1231 AI4 × 13 位(订货号为 6ES7 231-4HD30-0XB0)为例，其测量类型为电压信号，测量的电压范围为-2.5~+2.5 V、-5~+5 V、-10~+10 V，其接线图如图 7-5 所示。

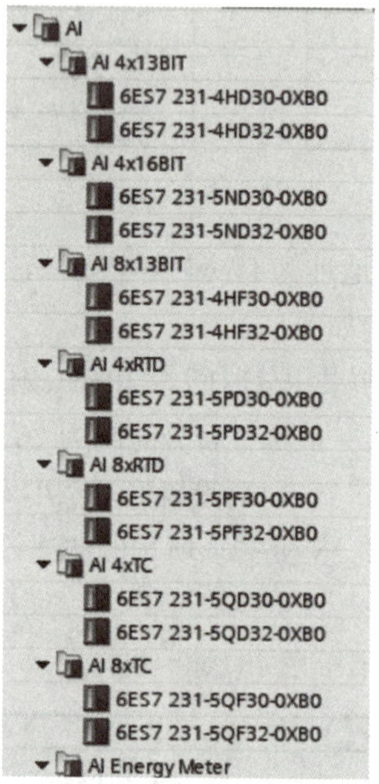

图 7-4　S7-1200 PLC 可以扩展的模拟量输入模块

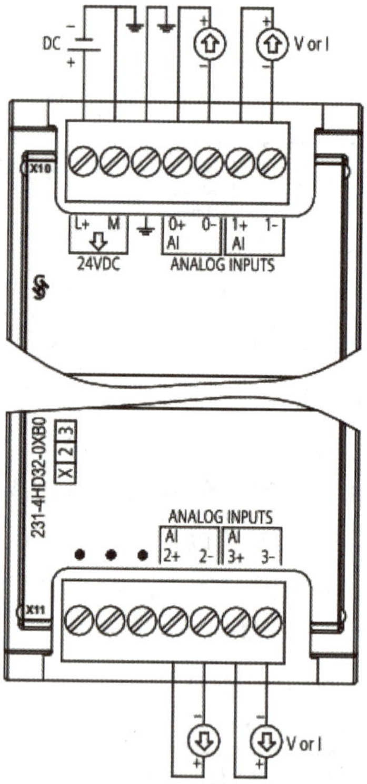

图 7-5　模拟量输入模块的接线图

Ⅱ. 模拟量输出模块

模拟量输出模块用于将 CPU 传送给它的数字量转换成电流或电压信号，对执行机构进行调节和控制，其主要部件是 D/A 转换器。S7-1200 PLC 可以扩展的模拟量输出模块如图 7-6 所示，以模拟量输出模块 SM1232 AQ2 × 14 位(订货号为 6ES7 232-4HB30-0XB0)为例，其接线图如图 7-7 所示。模拟量输出模块可以设定启动电源诊断功能，每个输出端可以设定短路诊断和溢出诊断，其在接线时应使用屏蔽电缆或双绞线电缆。

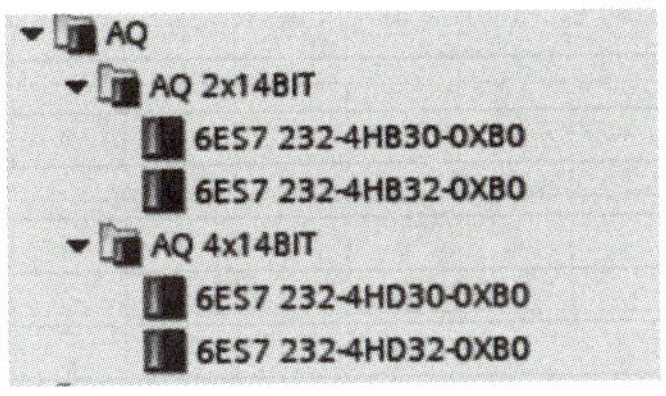

图 7-6　S7-1200 PLC 可以扩展的模拟量输出模块

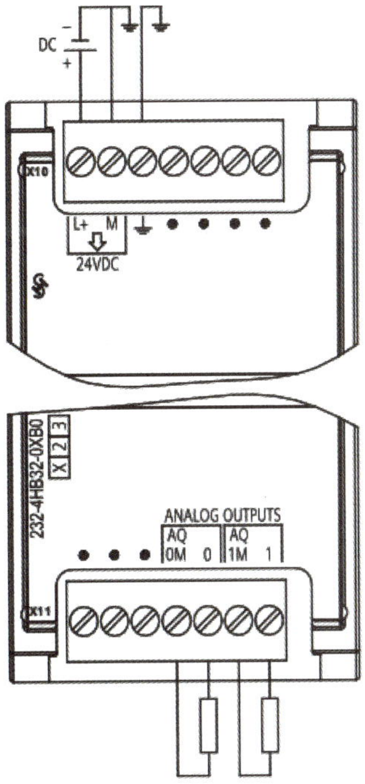

图 7-7　模拟量输出模块的接线图

Ⅲ. 模拟量输入/输出模块

S7-1200 PLC 可以扩展的模拟量输入/输出模块如图 7-8 所示。以 AI4 × 13 位/AQ2 × 14 位 4 路模拟量输入/2 路模拟量输出模块（订货号为 6ES7 234-4HE30-0XB0）为例，其接线图如图 7-9 所示。

图 7-8　S7-1200 可以扩展的模拟量输入/输出模块

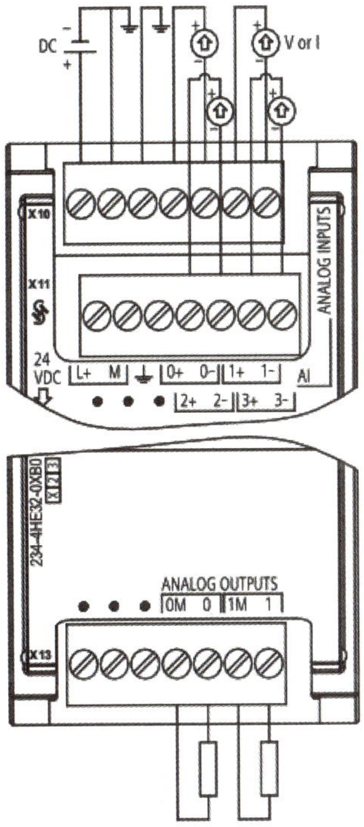

图 7-9　模拟量输入/输出模块接线图

2）模拟量输入转换后的表达方式

模拟量输入转换后对应的数字值为模拟量，模拟值用 16 位二进制补码来表示，最高位为符号位，正数的符号位为 0，负数的符号位为 1。如果采用 2 字节表示转换后的数值，那么第 16 位为符号位，如果模拟量输入模块的分辨率小于 15 位，则模拟量在写入累加器时向左对齐，不用的位用“0”填充。模拟量的表达方式和测量值的分辨率如图 7-10 所示。

位的序号		单位		15	14	13	12	11	10	9	8	7	6	5	4	3	2	1	0
位值		十进制	16 进制	VZ	2^{14}	2^{13}	2^{12}	2^{11}	2^{10}	2^{9}	2^{8}	2^{7}	2^{6}	2^{5}	2^{4}	2^{3}	2^{2}	2^{1}	2^{0}
位的分辨率+符号	8	128	80	*	*	*	*	*	*	*	*	1	0	0	0	0	0	0	0
	9	64	40	*	*	*	*	*	*	*	*	*	1	0	0	0	0	0	0
	10	32	20	*	*	*	*	*	*	*	*	*	*	1	0	0	0	0	0
	11	16	10	*	*	*	*	*	*	*	*	*	*	*	1	0	0	0	0
	12	8	8	*	*	*	*	*	*	*	*	*	*	*	*	1	0	0	0
	13	4	4	*	*	*	*	*	*	*	*	*	*	*	*	*	1	0	0
	14	2	2	*	*	*	*	*	*	*	*	*	*	*	*	*	*	1	0
	15	1	1	*	*	*	*	*	*	*	*	*	*	*	*	*	*	*	1

*=0 或 1

图 7-10　模拟量的表达方式和测量值的分辨率

图 7-11 所示为不同测量范围的模拟量与转换后的模拟量之间的关系，额定测量范围单极性为 0~27 648，双极性为-27 648~+27 648，极限值为-32 768~+32 767。对于温度传感器，在额定测量范围内转换值与测量值呈线性关系。

范围	电压		电流		电阻		温度（例如 Pt100）	
	测量范围 ± 10 V	单位	测量范围 4~20 mA	单位	测量范围 0~300 Ω	单位	测量范围 -200~+850 ℃	单位
超上限	≥11.759	32 767	≥22.815	32 767	≥352.778	32 767	≥1 000.1	32 767
超上界	11.758 9 : 10.000 4	32 511 : 27 649	22.810 : 20.000 5	32 511 : 27 649	352.767 : 300.011	32 511 : 27 649	1 000.0 : 850.1	10 000 : 8 501
额定范围	10.00 7.50 : -7.5 -10.00	27 648 20 736 : -20 736 -27 648	20.00 16.000 ⋮ 4.000	27 648 20 736 ⋮ 0	300.000 225.000 ⋮ 0.000	27 648 20 736 ⋮ 0	850.0 ⋮ -200.0	8 500 ⋮ -2 000
超下界	-10.000 4 : -11.759	-27 649 : -32 512	3.999 5 : 1.185 2	-1 : -4 864	不允许负值	-1 : -4 864	-200.1 : -243.0	-2 001 : -2 430
超下限	≤-11.76	-32 768	≤1.184 5	-32 768		-32 768	≤243.1	-32 768

图 7-11　不同测量范围的模拟量与转换后的模拟量之间的关系

3）模拟量输出转换后的表达方式

模拟量输出转换后对应的不同测量范围的电压或电流的对应关系如图 7-12 所示。额定数字量输入范围单极性为 0~27 648，双极性为-27 648~+27 648，输出的模拟量与数字量同样呈线性关系。

范围	单位	电压 输出范围 1~10 V	电压 输出范围 1~5 V	电压 输出范围 ± 10 V	电流 输出范围 0~20 mA	电流 输出范围 4~20 mA	电流 输出范围 ± 20 mA
超上限	≥32 767	0	0	0	0	0	0
超上界	32 511 : 27 649	11.758 9 : 10.000 4	5.879 4 : 5.000 2	11.758 9 : 10.000 4	23.515 : 20.000 7	22.81 : 20.005	23.515 : 20.000 7
额定范围	27 648 : 0	10.000 0 : 0	5.000 0 : 1.000 0	10.000 0 : 0	20.000 : 0	20.000 : 4.000	20.000 : 0
	: -6 912	0	0.999 9 0	⋮	0	3.999 5 0	⋮
	-6 913 ⋮		0	⋮		0	⋮
	-27 648			-10.000 0			-20.000
超下界	-27 649 : -32 512			-10.004 -11.758 9			-20.007 -23.515
超下限				0			0

图 7-12　模拟量输出转换后对应的不同测量范围的电压或电流的对应关系

2. 标定和标准化指令

模拟量输入模块的输入信号都与实际的物理量相对应，如液位传感器通过变送器来测量液位，测量范围为 0~500 L，对应的输出电压为 0~10 V。将该模拟量信号接入模拟量输入模块，对应于 0~10 V 的电压信号，其转换值为 0~27 648，如果对该数值直接进行处理，会有一些不便，如由于运算结果过大而出现存储溢出的情况、当前数值的实际物理量大小不够明确，这时应该进一步将 0~27 648 的值转换为实际物理量值（如 0~500），此过程称为“规范化”。

1）SCALE_X 指令

SCALE_X 指令用于将输入的浮点数 VALUE（范围为 0.0~1.0）线性转换为由参数 MIN（下限）和 MAX（上限）定义的数值范围之间的整数，并将转换结果保存到 OUT 指定的地址。对于 SCALE_X 指令，参数 MIN、MAX 和 OUT 的数据类型必须相同，可以是 SInt、Int、DInt、USInt、UInt、UDInt 和 Real，而且 MIN、MAX 可以是常数。各变量之间满足的关系为 OUT=VALUE×（MAX-MIN）+MIN，如 OUT=0.3×（500-100）+100=220。

SCALE_X 指令的参数 VALUE 应限制为 0.0≤VALUE≤1.0，如果参数 VALUE 小于 0.0 或大于 1.0，那么线性标定运算会生成一些小于 MIN 值或大于 MAX 值的 OUT 值，可能产生以下两种情况。

（1）生成一些小于 MIN 值或大于 MAX 值的 OUT 值，作为 OUT 值，这些数值在 OUT 数据类型值范围内。此时，SCALE_X 指令执行并设置 ENO=TRUE。

（2）生成一些不在 OUT 数据类型值范围内的标定数值。此时，OUT 值会被设置为一个中间值，该中间值等于被标定实数在最终转换为 OUT 数据类型之前的最低有效部分。在这种情况下，SCALE_X 指令执行并设置 ENO=FALSE。

2）NORM_X 指令

NORM_X 指令用于将输入的整数值 VALUE（MIN≤VALUE≤MAX）线性转换为 0.0~1.0 的实数，并将转换结果保存到 OUT 指定的地址。对于 NORM_X 指令，参数 MIN、VALUE 和 MAX 的数据类型必须相同；MIN、MAX、OUT 的数据类型可以是 SInt、Int、DInt、USInt、UInt、UDInt 和 Real，也可以是常数。各变量之间满足的关系为 OUT=（VALUE−MIN）/（MAX−MIN），其中 0.0≤OUT≤1.0，如 OUT=（500−200）/（800−200）=0.5。

如果参数 VALUE 小于 MIN 值或大于 MAX 值，那么线性标定运算会生成小于 0.0 或大于 1.0 的标准化 OUT 值。在这种情况下，NORM_X 指令执行并设置 ENO=TRUE。

SCALE_X、NORM_X 指令的符号和可转换的数据类型分别如图 7-13 和图 7-14 所示。

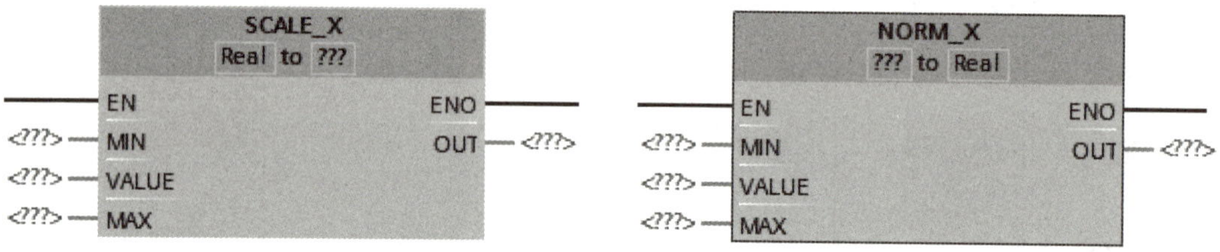

图 7-13　SCALE_X、NORM_X 指令的符号

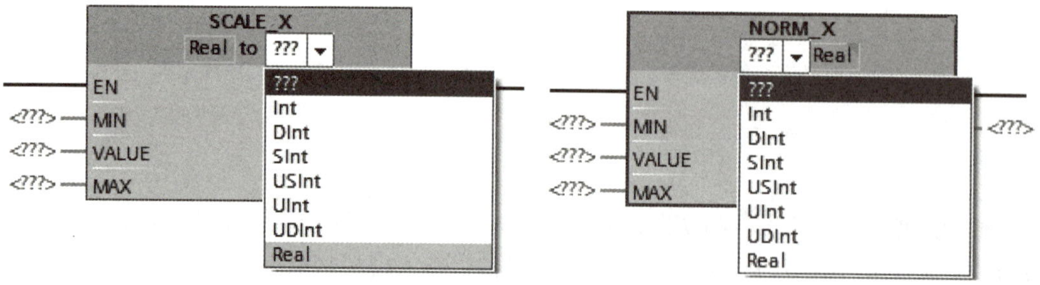

图 7-14　SCALE_X、NORM_X 指令可转换的数据类型

【例 7-1】 某温度变送器的量程为−200~850 ℃，输出信号为 4~20 mA，符号地址为“模拟值”的 IW96 将 0~20 mA 的电流信号转换为数字 0~27 648，求以℃为单位的浮点数温度值。

解　4 mA 对应的模拟值为 5 530，IW96 将−200~850 ℃的温度转换为模拟值 5 530~27 648，用“标准化”指令 NORM_X 将 5 530~27 648 的模拟值归一化为 0.0~1.0 的浮点数，然后用“缩放”指令 SCALE_X 将归一化后的数字转换为−200~850 ℃的浮点数温度值，用变量“温度值”保存。其处理程序如图 7-15 所示。

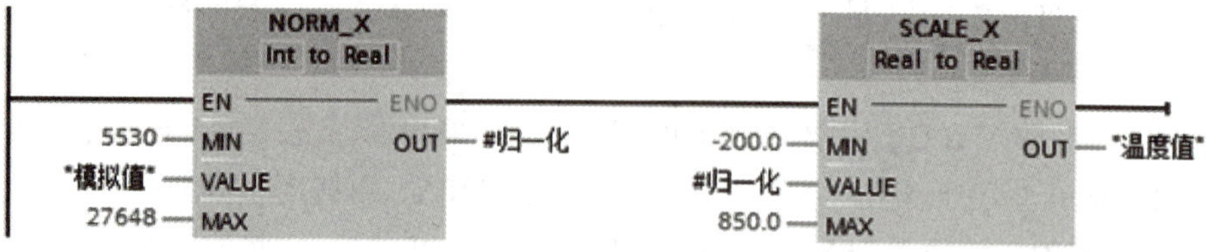

图 7-15　温度值规范化处理程序

【例 7-2】 地址为 QW96 的整型变量“AQ 输入”转换后的 DC 0~10 V 电压作为变频器的模拟量输入值，0~10 V 的电压对应的转速为 0~1 800 r/min，求以 r/min 为单位的整型变量“转速”对应的 AQ 模块的输入值“AQ 输入”。

解 “标准化”指令 NORM_X 将 0~1 800 的转速值归一化为 0.0~1.0 的浮点数，然后用“缩放”指令 SCALE_X 将归一化后的数字转换为 0~27 648 的整数值，用变量“AQ 输入”保存。其处理程序如图 7-16 所示。

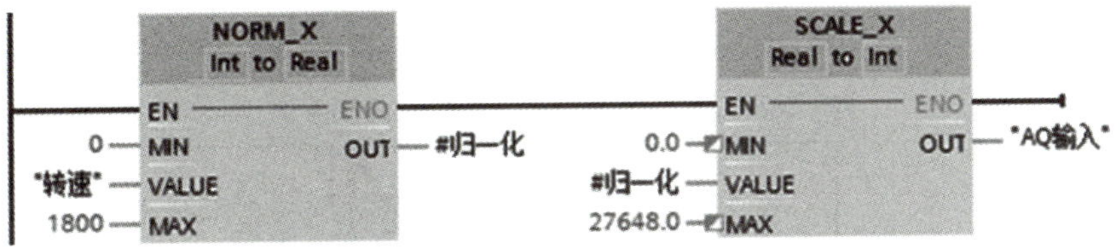

图 7-16 转速规范化处理程序

三、任务实施

1. 硬件设计

1)输入/输出地址分配

本任务采用 CPU 1215C DC/DC/DC 自带的模拟量输入通道 0 采集液位高度，其地址为 IW64，输入/输出地址分配见表 7-1。

表 7-1 输入/输出地址分配表

输入/输出	元器件	地址
输入	启动按钮 SB1	I0.0
	停止按钮 SB2	I0.1
	模拟量输入	IW64
输出	低液位传感器 L 指示灯	Q0.0
	中液位传感器 M 指示灯	Q0.1
	高液位传感器 H 指示灯	Q0.2
	进料泵 X1	Q0.3
	进料泵 X2	Q0.4
	搅拌器 M	Q0.5
	出料泵 X3	Q0.6

2)控制电路接线图

根据控制要求，I0.0、I0.1 分别连接启动和停止按钮，Q0.0~Q0.2 分别连接低、中、高液位指示灯，Q0.3、Q0.4、Q0.6 分别控制进料泵 X1、X2 和出料泵 X3，Q0.5 用来控制搅拌器，IW64 连接液位传感器，控制电路接线图如图 7-17 所示。

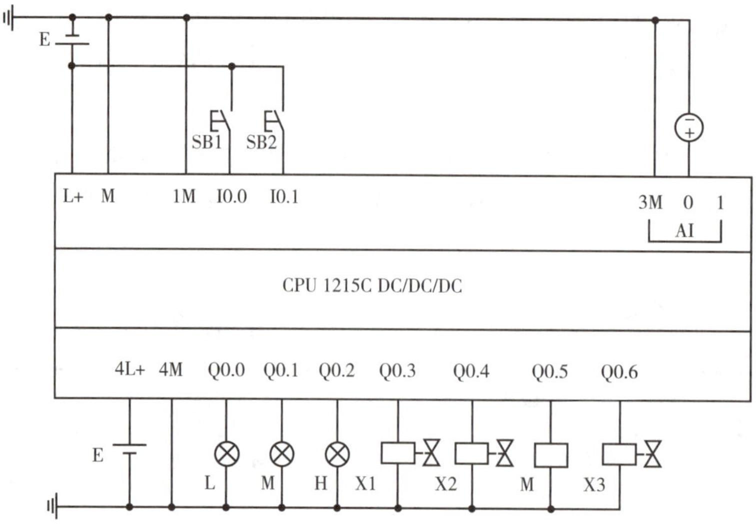

图 7-17　液体混合控制电路接线图

2. 软件设计

1）系统存储器和时钟存储器的设置

打开 PLC 的设备视图选择“属性”，单击巡视窗口左边的“系统和时钟存储器”，勾选“允许使用系统存储器字节”复选框，选择 MB0 作为系统存储器字节的地址，MB1 作为时钟存储器字节的地址，如图 7-18 所示。

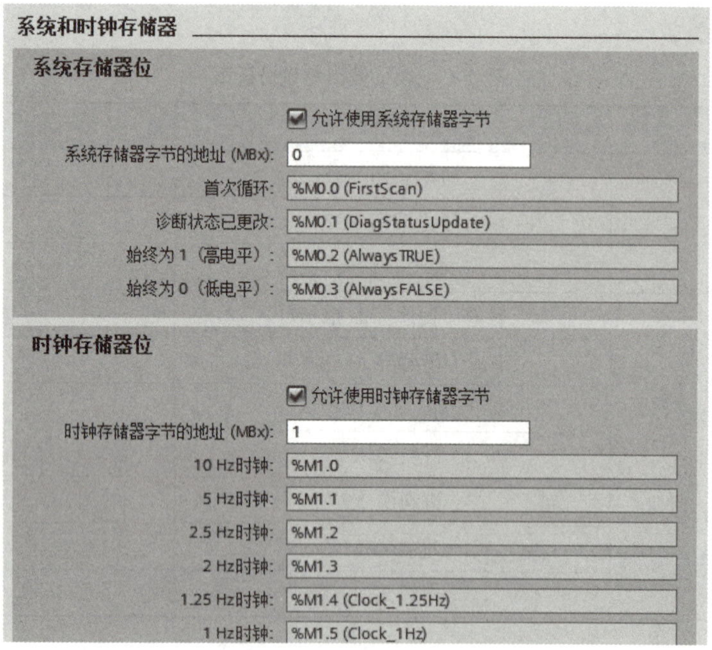

图 7-18　组态系统储存器和时钟存储器

2）PLC 变量的定义

根据输入/输出地址分配表，PLC 变量的定义如图 7-19 所示。启动、停止控制信号分别来自 HMI 和 PLC 的输入端，高、中、低液位对应的输出地址分别为 Q0.2、Q0.1、Q0.0，并分别控制 3 个指示灯。

变量 table_1

名称	数据类型	地址	保持	在 H...	可从 ...
启动_HMI	Bool	%M2.0	☐	☑	☑
停止_HMI	Bool	%M2.1	☐	☑	☑
高液位传感器H指示灯	Bool	%Q0.2	☐	☑	☑
中液位传感器M指示灯	Bool	%Q0.1	☐	☑	☑
低液位传感器L指示灯	Bool	%Q0.0	☐	☑	☑
进料泵X1	Bool	%Q0.3	☐	☑	☑
进料泵X2	Bool	%Q0.4	☐	☑	☑
混合泵M	Bool	%Q0.5	☐	☑	☑
出料泵X3	Bool	%Q0.6	☐	☑	☑
报警位	Bool	%Q0.7	☐	☑	☑
进料标志位	Bool	%M3.0	☐	☑	☑
放料标志位	Bool	%M3.1	☐	☑	☑
进料低液位	Bool	%M4.0	☐	☑	☑
进料中液位	Bool	%M4.1	☐	☑	☑
进料高液位	Bool	%M4.2	☐	☑	☑
放料高液位	Bool	%M4.3	☐	☑	☑
放料中液位	Bool	%M4.4	☐	☑	☑
放料低液位	Bool	%M4.5	☐	☑	☑
启动_PLC	Bool	%I0.0	☐	☑	☑
停止_PLC	Bool	%I0.1	☐	☑	☑
液位值	Real	%MD200	☐	☑	☑

图 7-19　PLC 变量的定义

3)梯形图的设计

本任务整体采用结构化程序设计,通过 OB1 主程序调用各子程序,这样 OB1 主程序结构比较简单。根据任务要求,将多种液体混合控制任务分为测量与规范化功能(FC1)、液位比较与显示功能(FC2)和控制功能(FC3),其中控制功能(FC3)采用顺序功能图进行设计。

Ⅰ. 测量与规范化功能(FC1)

测量与规范化功能用于将液位传感器测量到的液位信号经 A/D 转换器转换为数字量,再采用标准化指令转换为 0.0~1.0 的实数,并保存到 MD100 单元,然后扩大 100 倍得到液位值的范围为 0.0~100.0,其梯形图如图 7-20 所示。

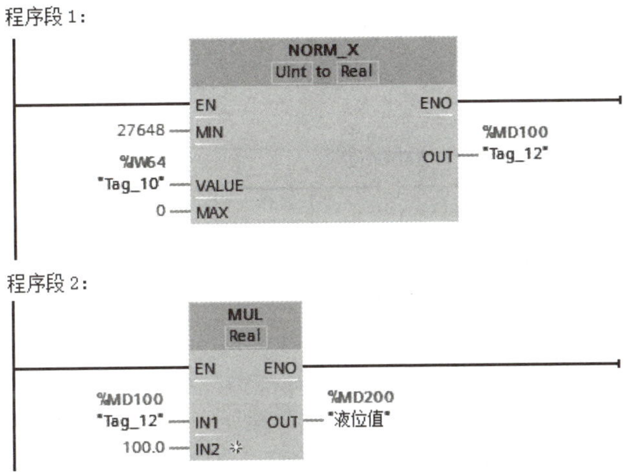

图 7-20　测量与规范化功能的梯形图

Ⅱ. 液位比较与显示功能(FC2)

液位比较与显示功能的梯形图如图 7-21 所示。程序段 1:进料时 0≤液位值<30%,标志进料低液位。程序段 2:进料时 30%≤液位值<80%,标志进料中液位。程序段 3:进料时液位值≥80%,标志进料高液位。程序段 4:放料时 30%<液位值≤100%,标志放料高液位。程序段 5:放料时 0<液位值≤30%,标志放料中液位。程序段 6:放料时液位值=0,标志放料低液位。程序段 7~9:进料和放料指示灯显示。

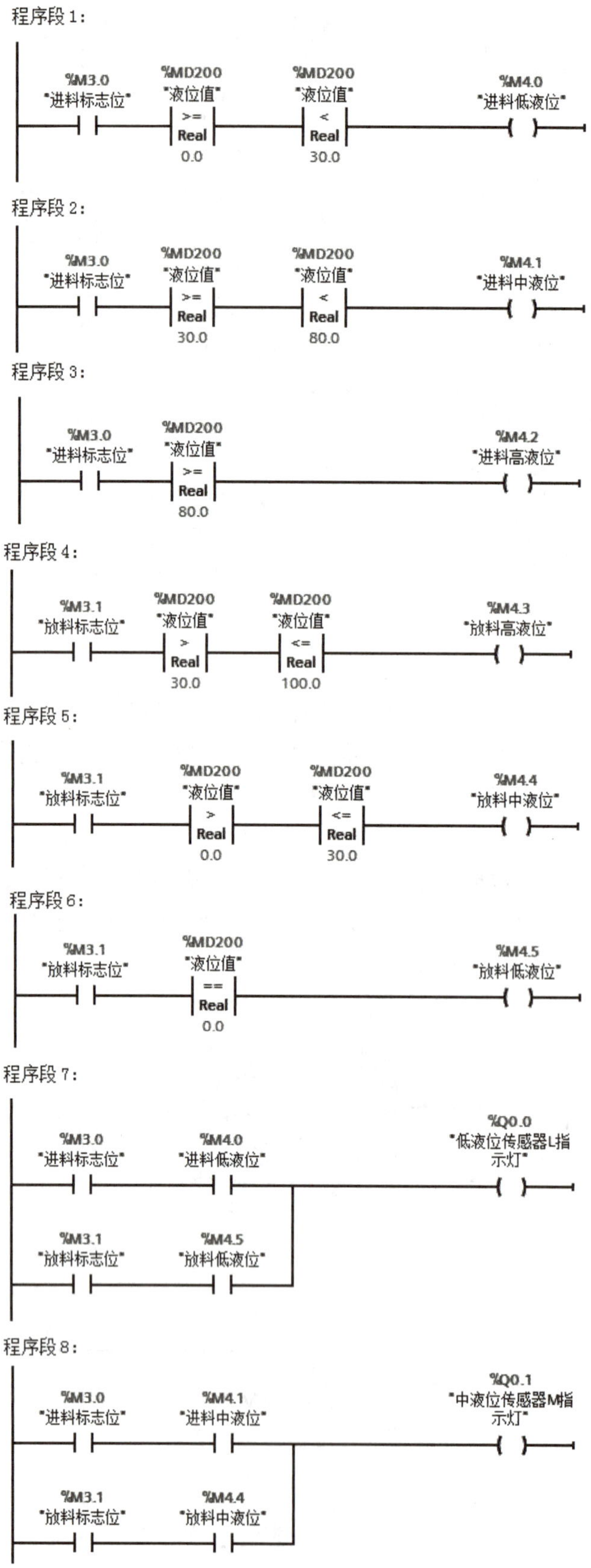

图 7-21 液位比较与显示功能的梯形图

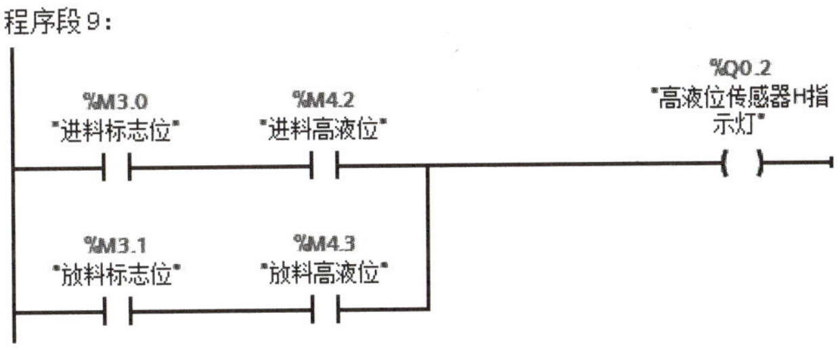

图 7-21 液位比较与显示功能的梯形图(续)

Ⅲ. 控制功能(FC3)

根据控制要求和输入/输出地址分配,控制功能的顺序功能图如图 7-22 所示。其中, M5.0 为控制功能运行标志位,在主程序中用首次循环位将 M5.0 置位; M5.6 为连续运行标志位, M6.0 为按下停止按钮标志位。

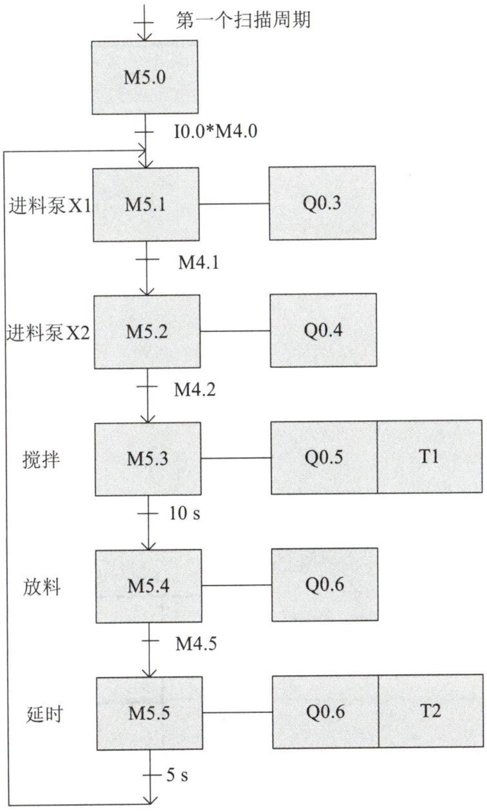

图 7-22 控制功能的顺序功能图

控制功能的梯形图如图 7-23 所示,采用 PLC 的输入点和 HMI 两地启停。程序段 1~6:完成状态转换。程序段 7:建立停止运行标志位。程序段 8~11:控制输出。

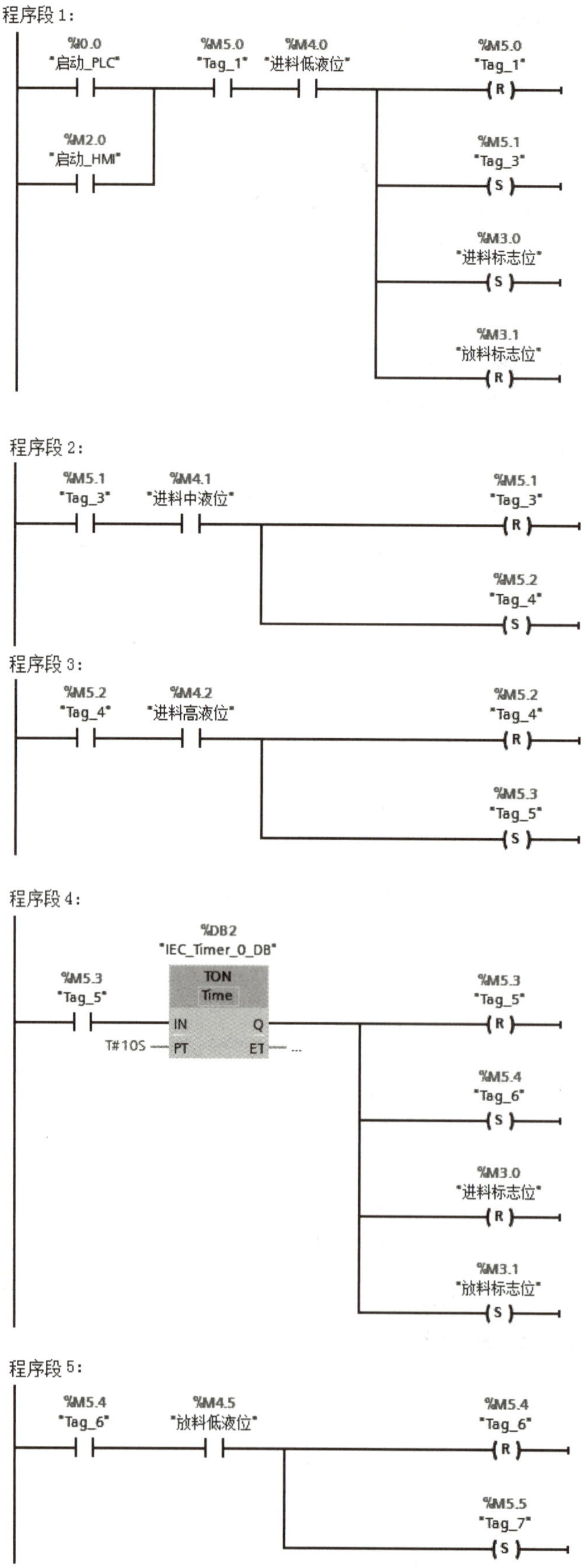

图 7-23 控制功能的梯形图

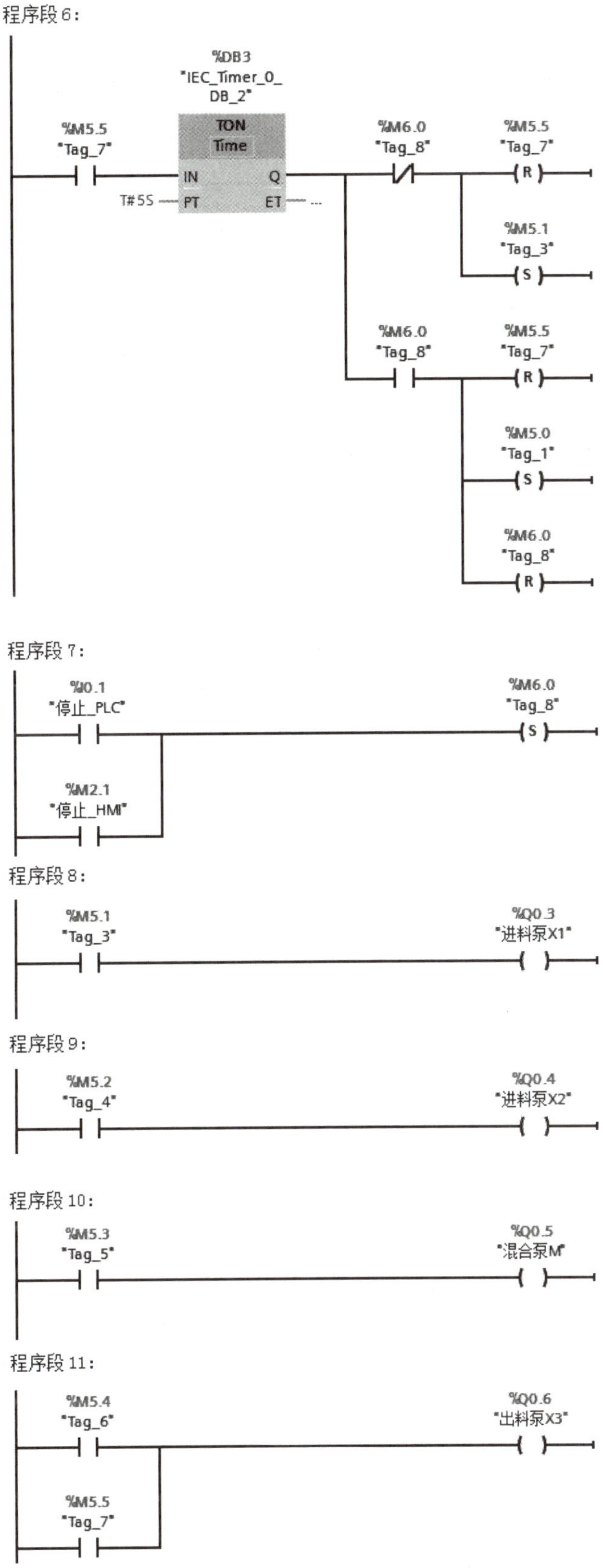

图 7-23　控制功能的梯形图(续)

Ⅳ. 主程序设计

主程序用于完成状态位的初始化及对 3 个功能的调用,其梯形图如图 7-24 所示。程序段 1: M5.0 为起始步,M0.0 在第一个扫描周期为 1。程序段 2~4:实现对 3 个功能的调用。

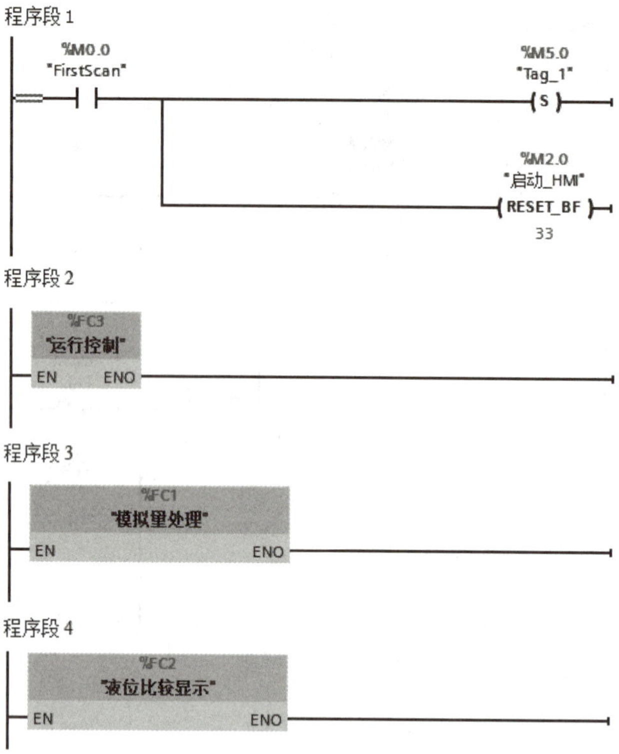

图 7-24　主程序的梯形图

说明：本程序中采用 PLC 的输入点和 HMI 两种控制方式，HMI 的控制同学们可以结合相关课程学习，在此不展开讲述。

3. 程序调试运行

首先利用博途自带的仿真软件进行仿真调试和程序状态监控，然后按照多种液体混合控制电路接线图连接 PLC 及外围硬件，在多种液体混合控制实训装置完成程序调试运行。

任务拓展

在以上多种液体混合控制系统设计的基础上，增加状态显示系统，具体要求如下：

（1）初始状态，若设备"正常工作"指示灯 HL1 常亮，表示设备准备好，否则该指示灯以 1 Hz 频率闪烁；

（2）设备准备好，按下启动按钮，系统启动，"设备运行"指示灯 HL2 常亮。

复习思考题

对某自动生产线上的多种液体混合装置进行系统设计，具体控制要求如下。

（1）初始状态：容器为空，Y1~Y4 电磁阀和搅拌机均为 OFF，液位传感器 S1~ S3 的指示灯均为 OFF。

（2）启动运行：按下启动按钮 SB1，开始下列操作，电磁阀 Y1 闭合，开始注入液体 A，至液面高度为 S3 时，停止注入液体 A，同时闭合电磁阀 Y2 注入液体 B，当液面高度为 S2 时，停止注入液体 B，同时闭合电磁阀 Y3 注入液体 C，当液面高度为 S1 时，停止注入液体 C，开启搅拌机 M，搅拌混合时间为 10 s；闭合电磁阀 Y4 放出混合液体，至液体高度降为 S3 后，再经 5 s 停止放出混合液体。

（3）停止操作：按下停止按钮 SB2，电磁阀和搅拌机停止动作。

项目八

PLC 网络数据通信

项目导入

S7-1200 PLC 集成的 RJ45 物理接口支持 10/100 Mbit/s 交叉自适应，可使用标准或交叉以太网线与外部设备交换数据；根据工艺要求安装扩展通信模块后，还支持常用于西门子产品之间的 S7、MPI、PROFINET 等通信协议，以及开放的 PROFIBUS、TCP、UDP、MODBUS RTU、MODBUS TCP 等通信协议以兼容自动化现场设备。S7-1200 CPU V4.4 及以上固件版本所配备的 OPC UA 服务器可使用统一方式访问不同设备数据，具有强大的数据交换能力。

在工业控制现场，一台设备或者一条生产线可能由多种控制单元组成，作为控制系统核心的 PLC 通过与外围设备交换数据来控制设备。受工业应用环境、通信稳定性、维护成本及开发成本等多方面因素影响，需要横向比较各种通信协议特点及开发方式，选择合适的通信协议及设备，以组建智能化控制网络。

知识目标

- （1）掌握 S7 通信协议数据通信方法。
- （2）掌握 S7-1200 PLC 标准 TCP Socket 数据通信设置方法。
- （3）掌握 S7-1200 PLC OPC 主站设置方法。

能力目标

- （1）能根据控制要求正确进行 S7-1200 PLC 网络数据通信。
- （2）能完成 S7-1200 PLC 标准 TCP Socket、OPC 主站网络组态、编程与仿真调试。

素质目标

- （1）培养学生的规则意识。
- （2）提高学生团结协作能力。

任务一　西门子 S7 通信

一、任务描述

了解网络通信特点，并组态 S7 通信网络，实现 S7-1500 PLC 与 S7-1200 PLC 之间的数据通信。

二、知识准备

SIMATIC NET 是西班子通信网络和产品整个系列的名称，包括 PROFIBUS 和工业以太网两种通信网络，可应用于单元级、管理级网络，以满足自动化全集成通信。

1. 开放系统互联模型

国际化标准组织(ISO)将开放系统互联模型(Open System Interconnect，OSI)作为通信网络国际标准化参考模型，如图 8-1 所示。

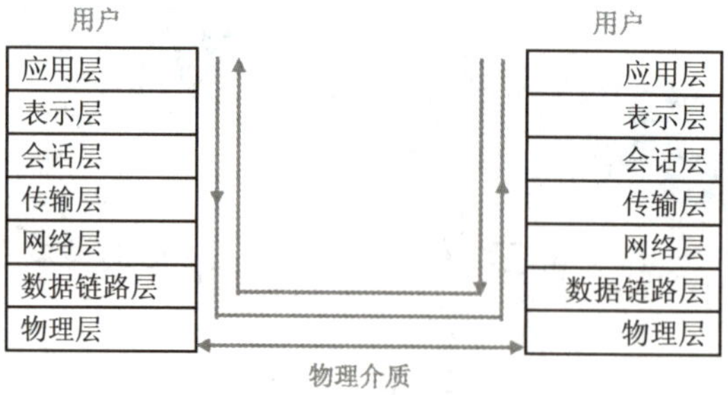

图 8-1　开放系统互联模型

通信中收发双方数据经过各层封装或拆封实现逐层传递，不同通信协议所用层级有所不同，尤其在工业现场通信中，为加快通信速度，在报文大小、通信层级上均有所减少。OSI 模型中各层功能见表 8-1。

表 8-1　OSI 模型中各层功能说明

级别	OSI	功能说明
应用级	应用层	为应用接口提供操作标准，如文件传送协议和网络管理等
	表示层	代表应用进程协商数据表示，如数据加密/解密和代码转换等
	会话层	进程间会话建立和结束管理，如数据流的方向控制等
传输级	传输层	以报文(Message)为单位，实现流量控制、差错控制、连接支持等
	网络层	为数据包选择路由器、寻址等服务，将具体的物理传送对高层透明
硬件级	数据链路层	保证无差错的数据链路，实现差错控制和同步控制
	物理层	在物理媒体(机械或电气设备)上以二进制数据形式传输数据

2.PROFIBUS

PROFIBUS 是开放式国际标准现场总线，采用主从（Master-Slave）通信模式，只有主站可主动发起与从站的通信，从站可响应主站但不能主动激活。PROFIBUS 典型网络拓扑示意图如图 8-2 所示。

当多个主站在总线上时，仅在周期内获得令牌的主站才可发送数据，在获得令牌的时间段内从站响应该主站轮询。该类总线最高传输速率为 12 Mbit/s，典型响应时间为 1 ms，支持至多 127 个从站。

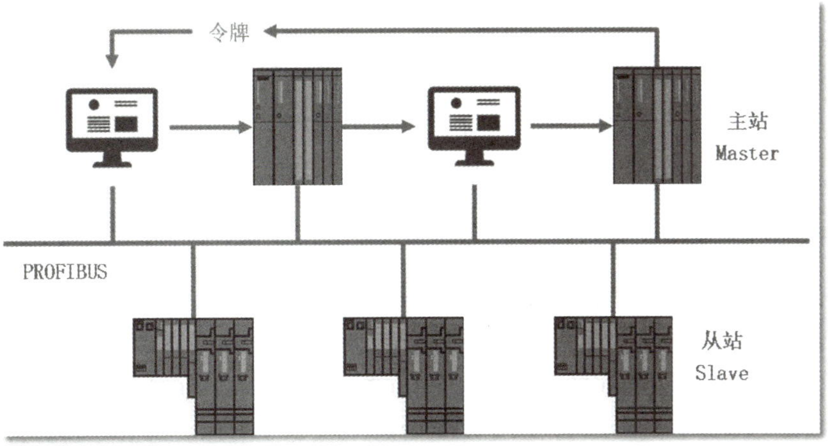

图 8-2　PROFIBUS 典型网络拓扑示意图

3. 工业以太网

工业以太网可适应恶劣环境通信要求，相较于商业/家用以太网，其硬件电缆、连接器具有更好的质量，尤其在密封性、抗干扰性等方面具有优势，在软件通信控制方面则注重数据收发时间的特定性、较好的实时性和可靠性等，其快速转发方式可实现以太网帧小于 1 μs 的端口间延迟，常见拓扑结构包括星形结构、环形结构、分布式结构、树形结构、总线型结构。

4.PROFINET

PROFINET 是基于工业以太网的工业自动化开放式标准，可实现分布式 I/O 设备直连工业以太网，以及从管理层到现场层直接、透明的访问。PROFIBUS 总线丰富的设备诊断功能也适用于 PROFINET，其典型网络拓扑图如图 8-3 所示。

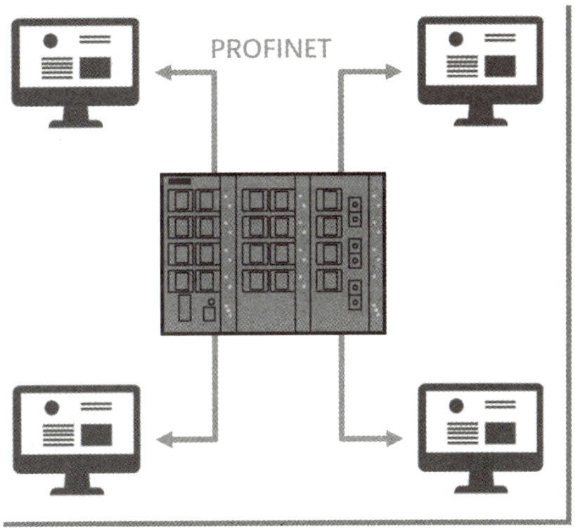

图 8-3　PROFINET 典型网络拓扑图

5.Modbus 协议

Modbus 协议是应用于工业通信领域的简单、经济和公开、透明的应用层报文传输协议，可为不同类型总线或网络连接设备提供客户端/服务端通信。Modbus 采用主从（Master-Slave）通信模式，协议规定通信时需由主站（Master）先发送指令，从站（Slave）再响应，且从站之间不能直接通信，其报文结构如图 8-4 所示，其中 PDU 是与物理层无关的协议数据单元，ADU 是应用数据单元，即完整的数据包。

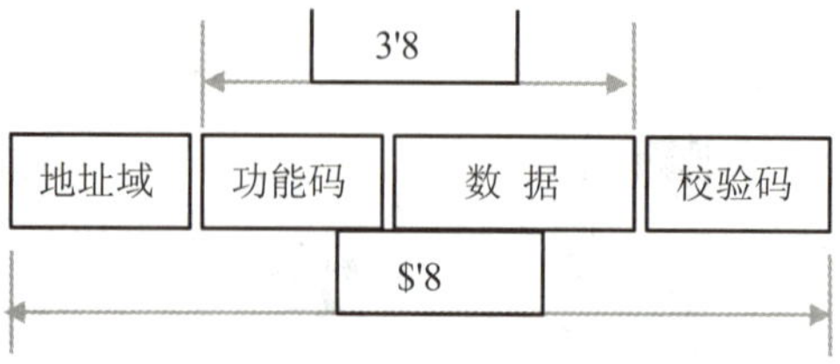

图 8-4　Modbus 协议网络报文结构

Modbus 协议根据使用不同的网络媒介，可分为串行链路上的 Modbus RTU/ASCII 协议和 TCP/ IP 上的 Modbus TCP。Modbus TCP 在 TCP 报文数据传输时包含 ADU，其是 Modbus 协议在 TCP/IP 上的具体实现，其通信过程如图 8-5 所示。

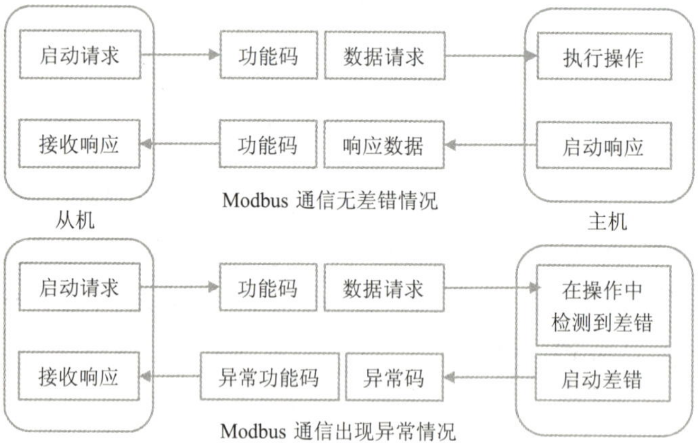

图 8-5　Modbus 通信过程示意图

6. S7 通信协议

S7 通信协议是专为西门子产品优化设计的通信协议，不能与其他品牌 PLC 通信，支持基于服务器（Server）/客户（Client）端的单边通信和基于伙伴（Partner）/伙伴（Partner）的双边通信。相较于其他自动化协议，该协议在数据通信方面速度快，且 S7-1200 PLC 在 S7 通信时仅需在客户端调用 PUT/GET 指令，服务器端不用调用任何指令。

7. 开放式用户通信

开放式用户通信（OUC）在传送数据结构方面具有高度的灵活性，可实现 CPU 与任何通信设备间的开放式数据交换，如 TCP、UDP、ISO-on-TCP 以及 OPC。

OPC 是自动化行业及其他行业用于数据安全交换时的互操作性标准。OPC 统一架构（UA）将各个经典 OPC（OPC Classic）规范的所有功能集成到一个可扩展框架中，独立于平台并且面向服务，以确保不同厂商设备之间无缝传输信息。同时，其也为硬件供应商和软件开发商建立了一套完整的规则，双方只需按照这套规则开发软硬件，实现透明地交互数据，硬件供应商只需考虑通信协议和应用程序需求，软件开发商无须了解硬件底层。OPC UA 在工业 4.0 中通过面向对象技术，将物理设备、传感器、电机等描述成为对象，形成数字化模型，让不同软件以调用对象方式控制设备。

三、任务实施

1. 组态 S7 网络

1）连接物理设备

S7 通信协议是面向连接的协议，必须与通信伙伴建立连接后交换数据。本任务物理层连接选择星形网络拓扑结构，采用工业以太网双绞线配合西门子 IE FC RJ45 插头连接网络中的设备，可实现最长通信距离为 100 m，其物理通信连接方式如图 8-6 所示。

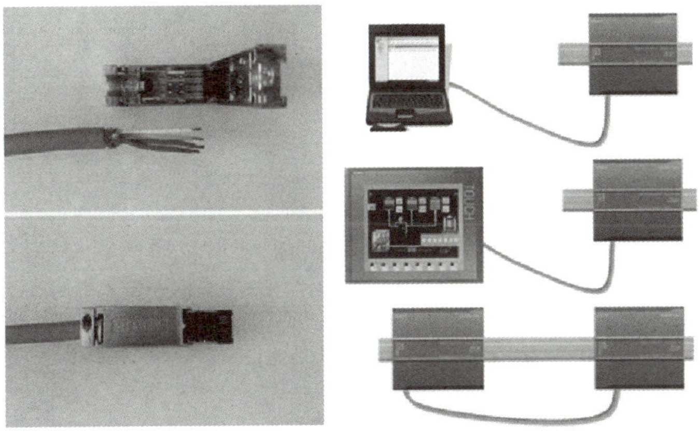

图 8-6　物理通信连接方式

S7 通信支持单端组态和双端组态两种方式，双端组态指建立通信的两个 CPU 模块在同一项目中，而单端组态指通信的两个 CPU 模块不在同一项目中。S7 通信连接又可分为单向连接和双向连接，单向连接中客户（Client）机主动向服务器（Server）请求服务，调用 GET/PUT 指令读写服务器存储区；而双向连接需在通信两端组态。服务器在通信服务中作为被动方，用户无须编写通信程序，S7 通信由服务器操作系统完成。

使用“USEND”“URCV”“GET”和“PUT”指令时，待传送数据不能超过定义的用户数据大小，用户数据最大容量由所使用的设备和通信伙伴确定。S7 通信中用户数据最小容量见表 8-2。

表 8-2　S7 通信中用户数据最小容量

指令	伙伴：S7-300	伙伴：S7-400	伙伴：S7-1200	伙伴：S7-1500
PUT/GET	160 B	400 B	160 B	880 B
USEND/URCV	160 B	400 B	—	920 B
BSEND/BRCV	32 768B/6 553B	65 534 B	—	65 534 B

2）创建 S7 通信连接

在以太网通信项目中通常以 S7-1500 PLC 作为服务器，其他系列 PLC 作为客户机，以完成现场生产线控制。根据系统要求和现场设备，在项目中添加 CPU 和其他模块，并设置各个设备的组态参数（如 IP 地址及子网掩码）。

创建 S7 通信连接方式如图 8-7 所示，首先建立子网络连接，然后选择“S7 连接”创建 S7 通信链路。创建 S7 连接时必须先选择主站以太网端口，然后用鼠标拖曳连线到从站以太网端口以确定主/从站，即先选择的为主站(本地)。

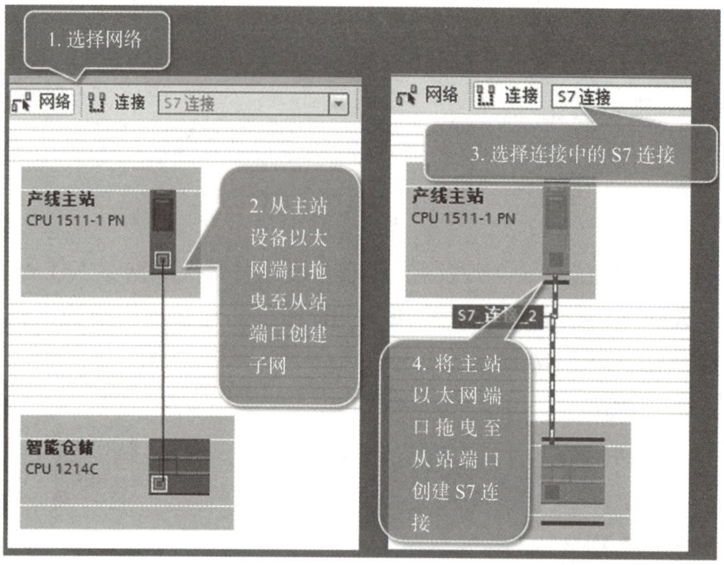

图 8-7　创建 S7 通信连接方式

创建 ST 通信连接后，单击 S7 连接线路，在“常规”选项框中设置通信相关参数，如图 8-8 所示。

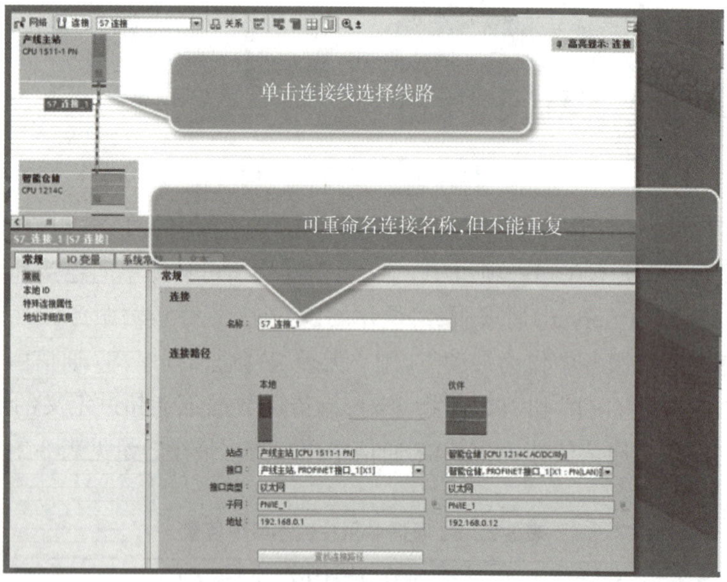

图 8-8　常规选项设置

如图 8-9 所示，“本地 ID”(本地伙伴)可手动修改，“特殊连接属性”中“主动建立连接”用于指定是否通过该设备建立连接，默认情况下若未指定连接伙伴则不勾选，若勾选则需指定伙伴地址。

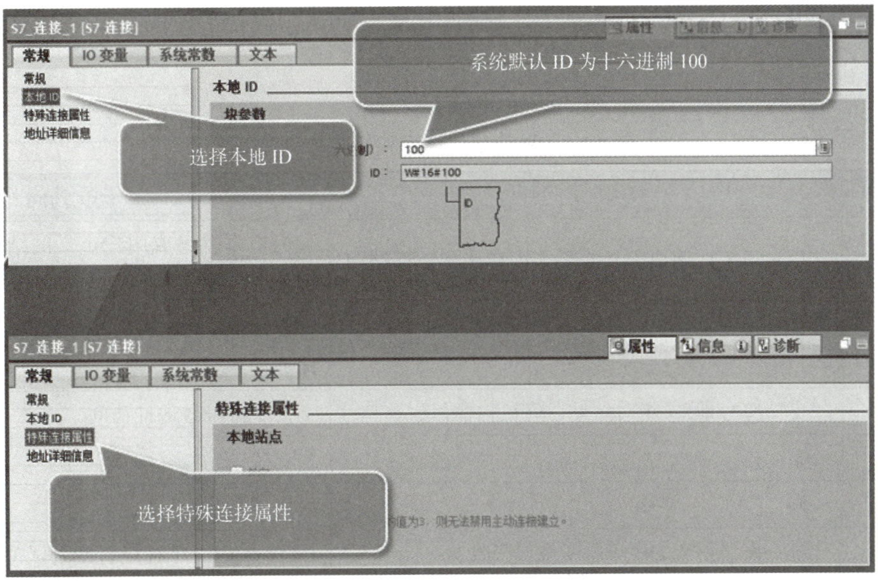

图 8-9　S7 通信连接参数设置

硬件组态时需将参与通信的 PLC 设置为“允许来自远程对象的 PUT/GET 通信访问”，如图 8-10 所示。

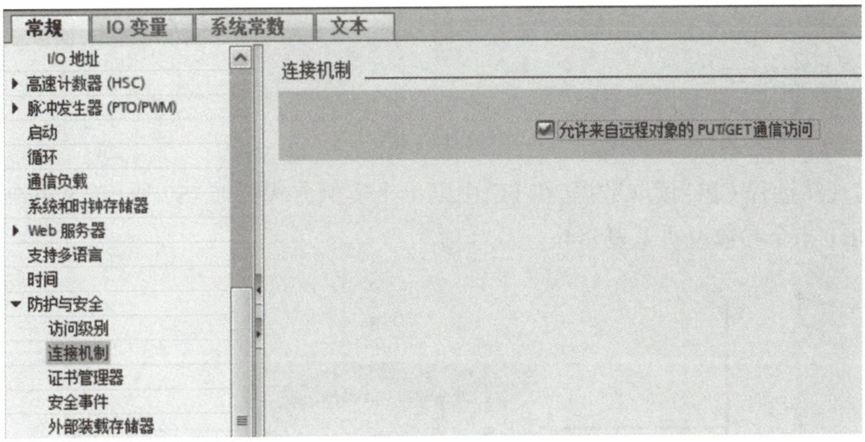

图 8-10　PLC 属性连接机制设置方式

3）创建通信 DB 块

S7 通信中 GET/PUT 指令不支持读写操作远程 CPU 的优化 DB 块，DB 块的创建及属性设置如图 8-11 所示。

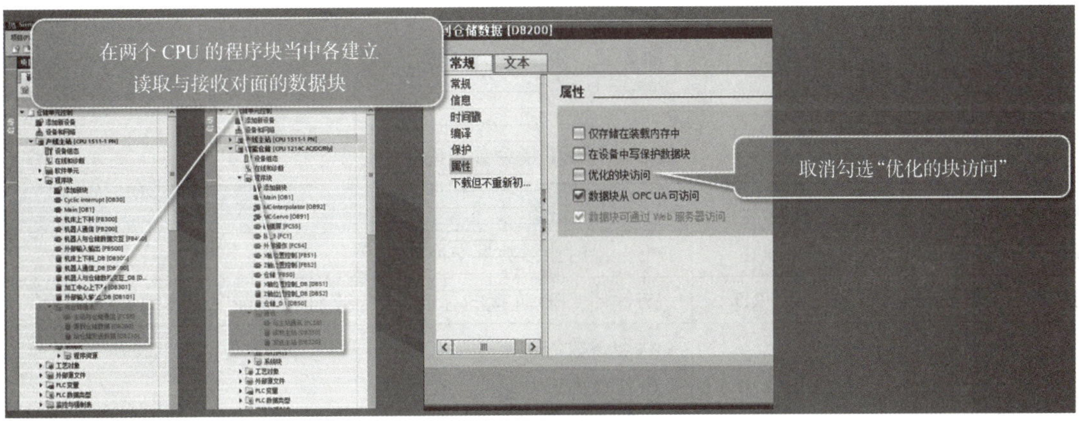

图 8-11　DB 块的创建及属性设置

在 TA 中为 S7-1200/S7-1500 CPU 添加 DB 块时，其属性默认为优化 DB 块，DB 块优化访问与标准访问对比见表 8-3。

表 8-3　DB 块优化访问和标准访问对比

比较项目	标准访问	优化访问
数据管理	用户可生成用户定义或一个内存优化数据结构	用户可以生成用户定义的结构，系统自我优化以节省内存空间
存储方式	每个变量偏移地址在 DB 块中可见	变量地址由 CPU 自动分配，DB 块中无偏移量地址
访问方式	支持符号地址、绝对地址、指针方式寻址	仅支持符号地址访问
下载但不初始化	不支持	支持快
访问速度	慢	快
数据保存性	统一设置整个 DB 块内变量保持性	DB 块内可单独设置变量保持性
兼容性	与 S7-300/400PLC 兼容	与 S7-300/400PLC 不兼容
出错概率	绝对地址访问（如 HMI 或间接寻址），声明修改后可能导致数据不一致	默认为符号访问，不会造成数据不一致，与 HMI 符号名称对应

2. 设计 S7 通信程序

1）GET 指令

GET 指令实现从远程 CPU 读取数据，在 FC 中以单个实例方式添加“S7 通信”文件夹下 GET 指令，如图 8-12 所示。GET 指令参数说明见表 8-4。

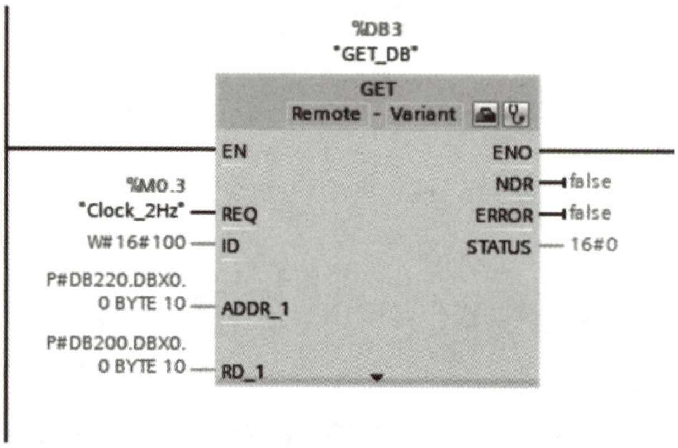

图 8-12　添加 GET 指令

表 8-4　GET 指令参数说明

参数	声明	数据类型	说明
REQ	Input	BOOL	上升沿时激活数据交换功能
ID	Input	WORD	与伙伴 CPU 连接的寻址参数（S7 连接属性中的本地 ID）
NDR	Output	BOOL	状态参数 NDR。 0：作业尚未开始或仍在运行； 1：作业已成功完成

续表

参数	声明	数据类型	说明
ERROR	Output	BOOL	状态参数 ERROR 和 STATUS 提供出错时的错误信息
STATUS	Output	WORD	
ADDR	InOut	REMOTE	指向伙伴 CPU 上读取区域指针形式，可支持四组参数
RD	InOut	VARIANT	指向本地 CPU 上存储区域指针形式，可支持四组参数

指针以“P#起始地址 传输单位 传输长度”方式定义，如图 8-12 中“P# DB200.DBX0.0”表示 DB200 数据块中以位 0.0 为起始地址，也可将此处的起始地址理解为“偏移量”。

注意：数据交换时数据块大小定义不能小于交换的字节数，且数据结构必须为 CHAR 型。

本任务中 GET 指令以 2 Hz 频率将伙伴 CPU（S7-1200 PLC）中 DB220 数据块数据（以偏移量 0.0 开始的连续 10 B 数据）读取到本地 CPU（S7-1500 PLC）的 DB200 数据块（以偏移量 0.0 开始的连续 10 B 存储区）中。

2）PUT 指令

与 GET 指令相反，PUT 指令实现向远程 CPU 写入数据，添加方式与 GET 指令类似，如图 8-13 所示。PUT 指令部分参数说明见表 8-5。

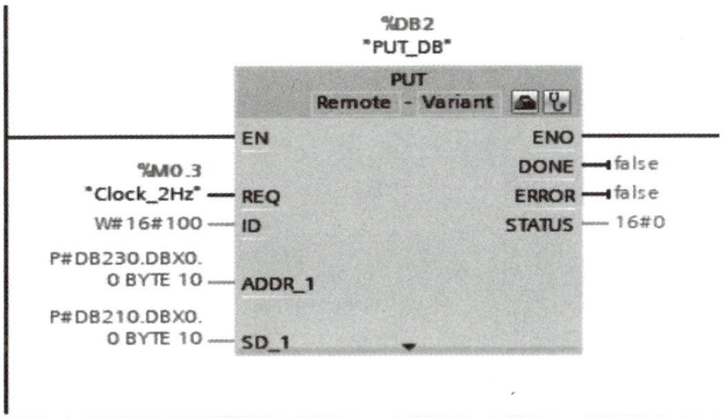

图 8-13 添加 PUT 指令

表 8-5 PUT 指令部分参数说明

参数	声明	数据类型	说明
ADDR	InOut	REMOTE	指向伙伴 CPU 上写入区域指针形式，可支持四组参数
RD	InOut	VARIANT	指向本地 CPU 上发送区域指针形式，可支持四组参数

写入对方数据时，以 2 Hz 频率将本地 CPU 中 DB210 数据块数据（以偏移量 0.0 开始的连续 10 B 数据）发送到伙伴 CPU 的 DB230 数据块（以偏移量 0.0 开始的连续 10 B 存储区）中。

注意：本地发送和接收的存储区地址不能重复，以免覆盖数据。

可采用同样方式在主站 CPU 中添加 PUT/GET 指令，以实现双向连接，双向连接通信程序如图 8-14 所示。

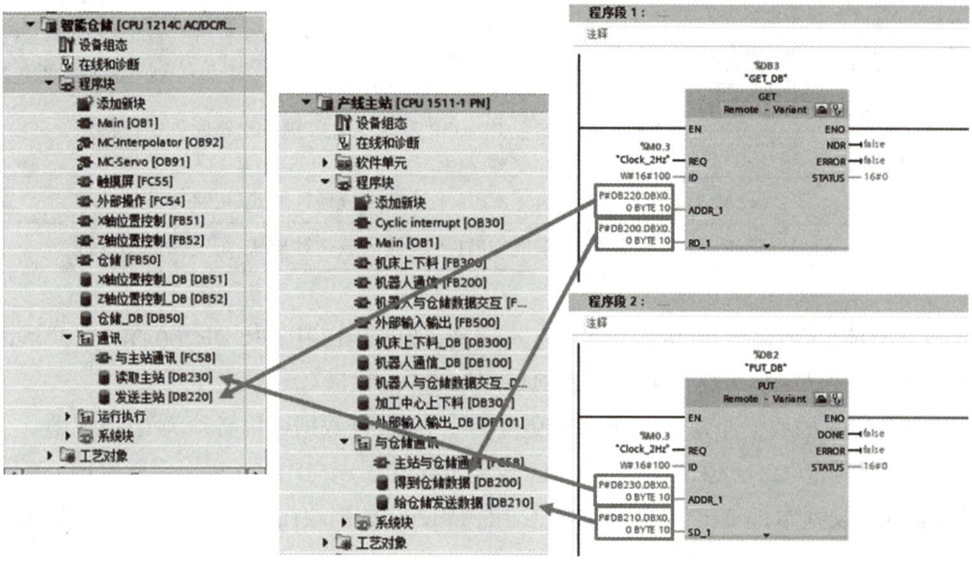

图 8-14　双向连接通信程序

任务二 标准 TCP SOCKET 通信

一、任务描述

使用工业现场网络设备实现 PLC 与其他设备建立 TCP 通信的数据收发。

二、任务实施

开放式标准 TCP 通信对第三方设备具有较好的兼容性，S7-1200 PLC 可作为客户端或服务器与其他设备建立 TCP 通信，实现数据交互。下面以 S7-1200 PLC 作为服务器，设置通信方式。

1. 硬件组态

S7-1200 PLC 作为客户端或者服务器时，都应先在硬件组态时设置 PLC 在项目中的 IP 地址和子网掩码。

2. 创建通信 FB 及数据缓存 DB

添加自定义控制通信的 FB 及实例 DB，并将该 FB 命名为“TCP_Server”，其调用方式及参数定义如图 8-15 所示，添加非优化 DB 数据块用于缓存通信数据。

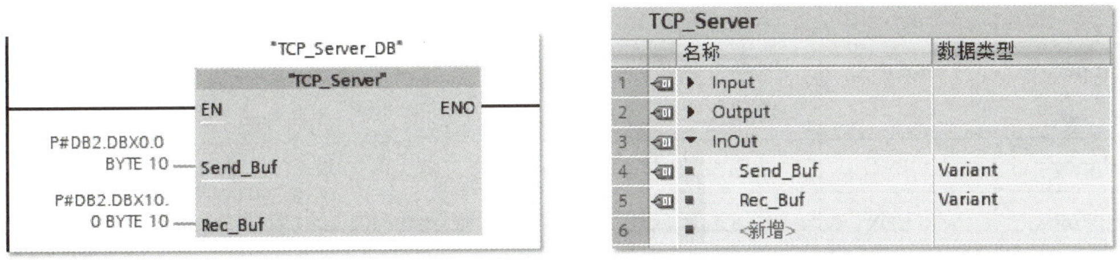

图 8-15 自定义通信 FB 的调用方式及参数定义

3. 添加 TSEND_C 指令建立连接并发送数据

TSEND_C 指令用于设置和建立通信连接，建立连接后 CPU 可自动保持和监视该连接。可从指令目录通信中“开放式用户通信”文件夹中添加该指令，其创建及组态如图 8-16 所示。

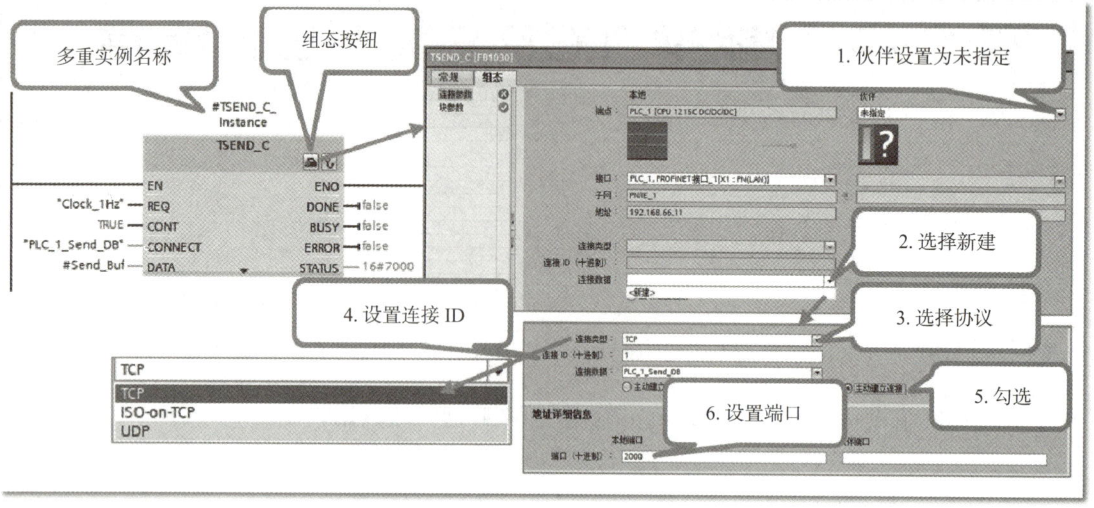

图 8-16　TSEND_C 指令创建及组态

添加该指令及多重实例后，单击组态按钮设置连接参数；进入“组态”下“连接参数”界面后，若通信伙伴为第三方设备且未添加到网络中则设置为“未指定”。由于 S7-1200 PLC 作为服务器时支持任意 IP 地址的第三方设备的连接申请，所以伙伴 IP 地址可设置为空，然后选择“连接数据”中“新建”选项，系统自动根据当前配置创建连接参数，只有创建该参数后才可依次设置“连接类型”为“TCP”，“连接 ID”为“1”，并勾选“伙伴”为“主动建立连接”，即服务器只监听“地址详细信息”中的“本地端口”以等待伙伴连接。

TSEND_C 指令参数说明见表 8-6。

表 8-6　TSEND_C 指令参数说明

参数	声明	数据类型	说明
REQ	Input	BOOL	上升沿时执行发送数据动作
CONT	Input	BOOL	控制通信连接。 0：断开通信连接； 1：建立并保持通信连接
LEN	Input	UDINT	可选参数（隐藏），作业发送的最大字节数
CONNECT	InOut	VARIANT	指向连接描述结构的指针，使用组态方式设置后自动引用该参数
DATA	InOut	VARIANT	指向发送区的指针，该发送区包含要发送数据的地址和长度；用于传送数据结构时，发送端和接收端的结构必须相同
DONE	Output	BOOL	状态参数，发送完成后置位 1 个周期，0 代表发送作业未启动或正在发送中
BUSY	Output	BOOL	状态参数，1 代表发送作业正在运行中，0 代表发送作业未启动或已完成
ERROR	Output	BOOL	状态参数，0 代表无错误，1 代表有错误
STATUS	Output	WORD	当前指令状态，详见系统帮助文件

4. 添加 TRCV 指令接收数据

TRCV 指令可异步通过现有通信连接接收数据，从指令目录通信中“开放式用户通信”文件夹中添加该指令，该指令使用方式如图 8-17 所示。

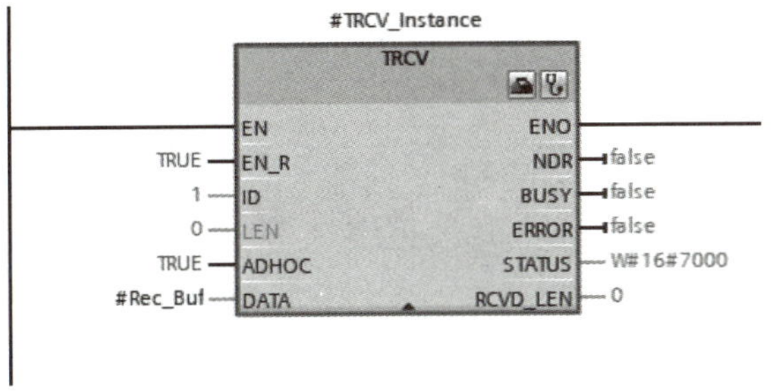

图 8-17 TRCV 指令使用方式

TRCV 指令参数说明见表 8-7。

表 8-7 TRCV 指令参数说明

参数	声明	数据类型	说明
EN_R	Input	BOOL	为状态“1”时启动接收功能
ID	Input	BOOL	与 TSEND_C 指令中组态所设置 ID 保持一致
LEN	Input	UDINT	可选参数(隐藏),作业接收的最大字节数
ADHOC	InOut	VARIANT	仅 TCP 协议下有效,Ad-hoc 模式下 TRCV 指令接收动态长度数据
DATA	InOut	VARIANT	指向接收区指针,用于传送数据结构时,发送端和接收端的结构必须相同
NDR	Output	BOOL	状态参数。 0:作业未启动或执行过程中; 1:接收到新数据
BUSY	Output	BOOL	状态参数,1 代表接收作业正在运行中,无法启动新作业;0 代表作业未启动或已完成
ERROR	Output	BOOL	状态参数,0 代表无错误,1 代表有错误
STATUS	Output	WORD	当前指令状态,详见系统帮助文件
RCVD_LEN	Output	UDINT	以字节为单位的实际接收到的数据量

5. 设置 S7-1200 PLC 为客户端

S7-1200 PLC 设置为客户端时,其通信程序与作为服务器时的程序相同,仅需在硬件组态中将作为客户端的 PLC 设置为“主动建立连接”,并配置服务器的 IP 地址和端口号,其硬件组态如图 8-18 所示,通信 SCL 程序如图 8-19 所示。

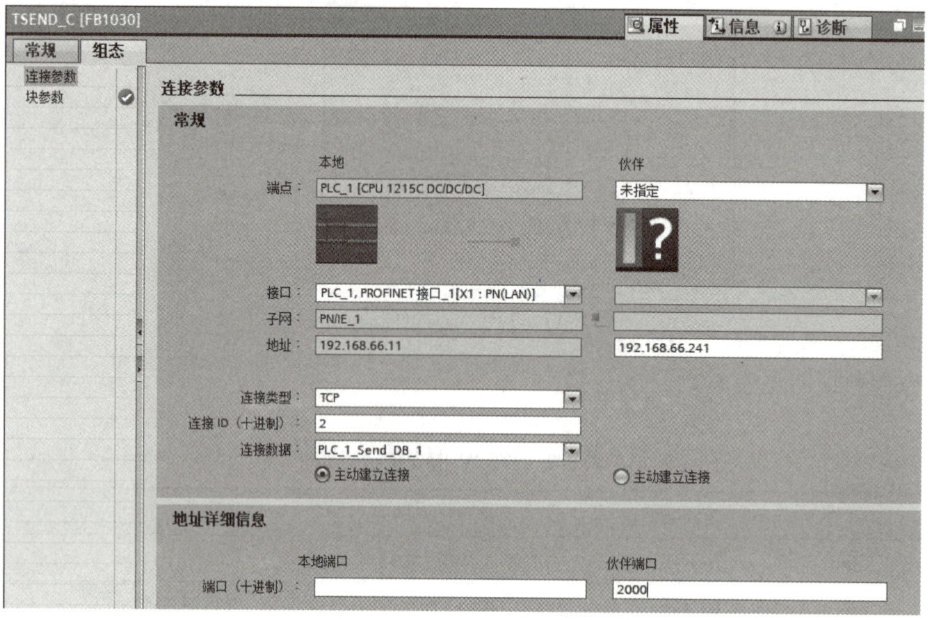

图 8-18　S7-1200 PLC 作为客户端时的硬件组态

```
#TSEND_C_Instance(REQ:="Clock_1Hz",
                  CONT:=TRUE,
                  CONNECT:="PLC_1_Send_DB_1",
                  DATA:=#Send_Buf);
```

```
#TRCV_Instance(EN_R:=TRUE,
               ID:=16#02,
               DATA:=#Rec_Buf);
```

图 8-19　通信 SCL 程序

任务三 OPC 通信

一、任务描述

使用工业现场网络设备实现 PLC 与其他设备建立 OPC 通信的数据收发。

二、任务实施

1.PLC OPC 组态

采用与任务二的相似方式设置 PLC 的 IP 地址，且勾选“允许远程对象的 PUT/GET 数据访问”选项，并在如图 8-20 所示的“访问服务器”中勾选“激活 OPC UA 服务器”，以启动该服务。其中，服务器地址是 OPC 客户端的访问地址，服务器 IP 地址为 PLC 的 IP 地址，访问端口号等参数按照表 8-8 依次单击“服务器”菜单下“选件”和“Security”等进行设置。

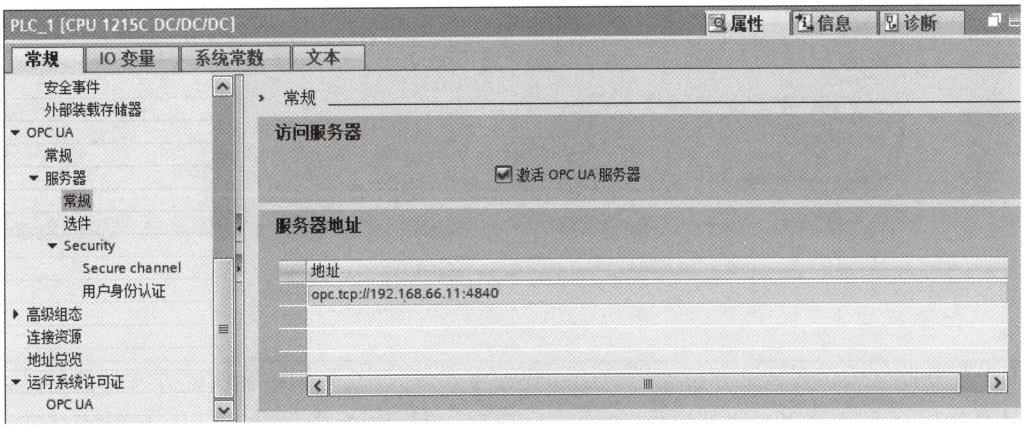

图 8-20 激活 OPC UA 服务器

表 8-8 OPC 服务器参数设置

选项卡名称	参数名称	说明
常规	端口	服务器访问的默认端口号，可设置范围为 1 024~49 151
	最大会话超时时间	默认无数据交换情况下服务器关闭会话最大时间，运行范围为 1~600 000 s
	最大 OPC UA 会话数量	S7-1200 PLC 最多支持 5 个并发会话数量
Subscriptions	最短采样间隔	服务器采样 CPU 变量值的时间间隔
	最短发布间隔	变量值变化后服务器发送新值到客户端的时间间隔
	已监视项的最大数量	服务器监视变量的最大数量

2.OPC 服务器安全设置

OPC 服务器采用逐层控制数据的方式给予访问权限,并通过证书证实服务器身份。

1)建立服务器证书

激活 OPC 服务器后,博途软件自动添加如图 8-21 所示的服务器证书,也可自行选择服务器证书。

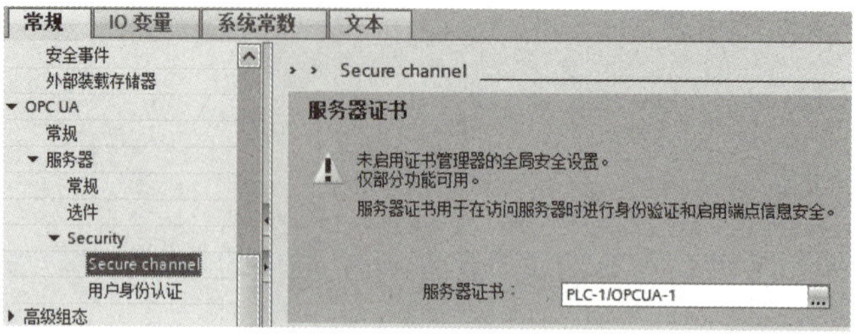

图 8-21　设置服务器证书

2)设备服务器安全策略

根据设备使用单位需求设置统一的服务器安全策略,系统默认选“无安全设置”“Basic256Sha256-签名”和“Basic256Sha256-签名和加密”,本任务增加“Basic256-签名”和“Basic256-签名和加密”两项,如图 8-22 所示。

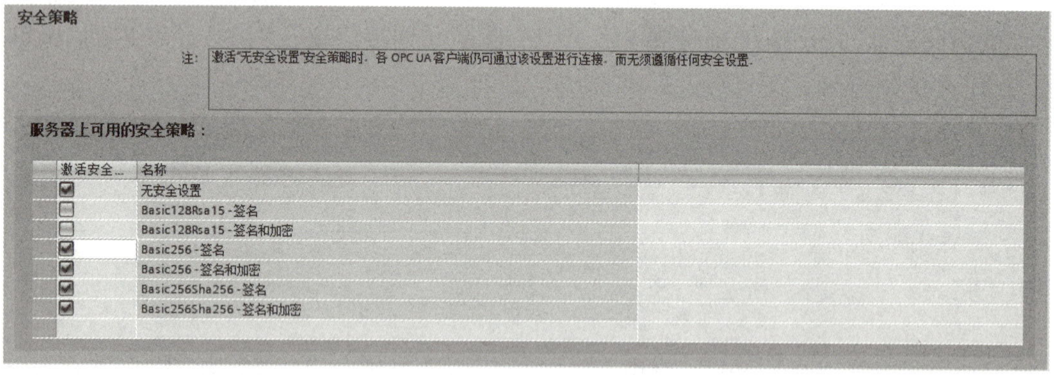

图 8-22　设置服务器安全策略

3)设置可信客户端

OPC UA 服务器支持访客认证和指定用户访问两种方式。其中,采用访客认证方式时,服务器不检查客户端是否具有授权,S7-1200 PLC 支持至多 12 个指定用户访问,建议调试期结束后关闭访客认证访问方式,访客认证设置方式如图 8-23 所示。

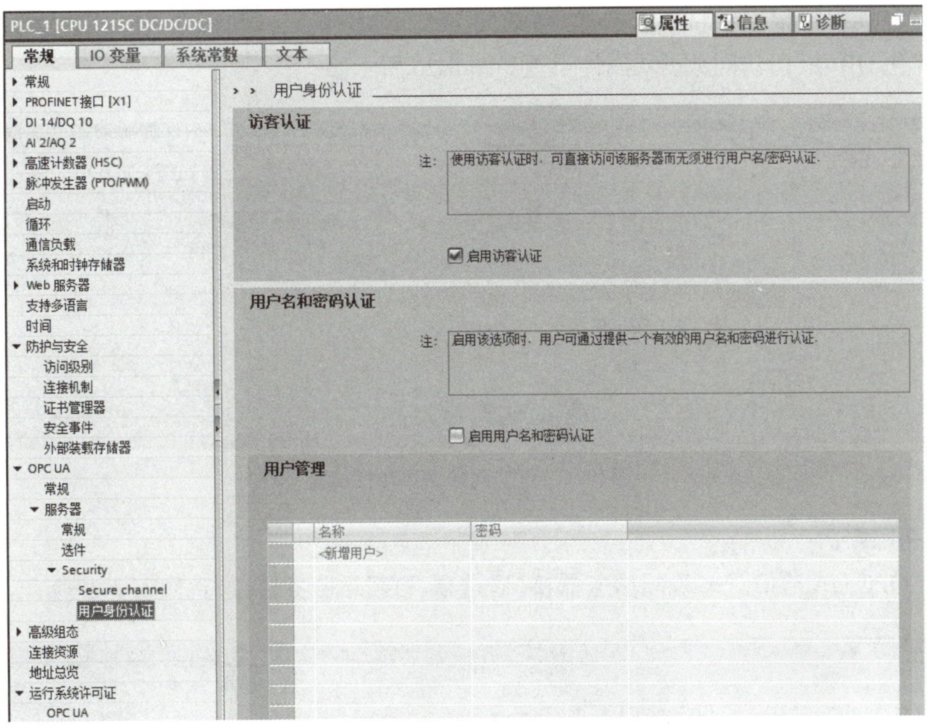

图 8-23 访客认证设置方式

4)设置系统许可证

根据目标系统选择许可证以运行 OPC UA，如图 8-24 所示。

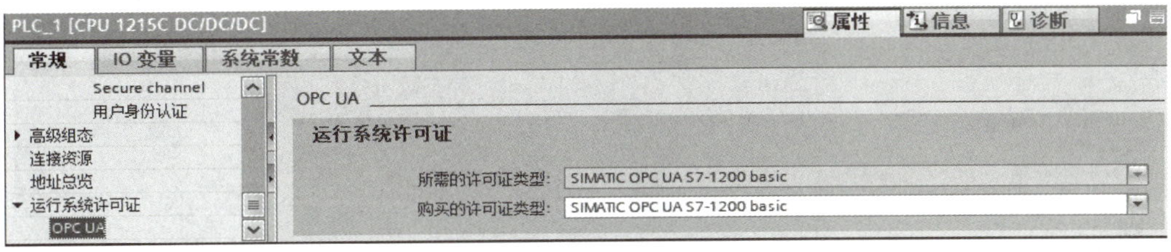

图 8-24 设置系统许可证

3. 设置 OPC UA 服务器接口

为保证访问数据的安全性，S7-1200 PLC 需在“OPC UA 通信”中至多添加两个服务器接口，仅接口所提供的变量可供客户端访问，具体设置方式如下。

1)设置可访问数据

与 HMI 设置可访问数据相类似，所有 OPC UA 可访问数据需在数据属性中勾选，如图 8-25 所示。

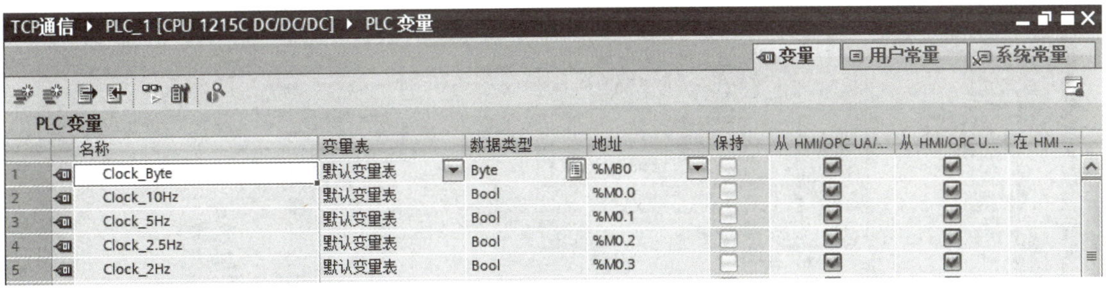

图 8-25 设置可访问数据

变量属性勾选时，需根据项目要求选择“可访问”和“可写”权限，同时 OPC UA 仅支持符号名访问方式，可使用非优化 DB 块，可访问数据块属性设置如图 8-26 所示。

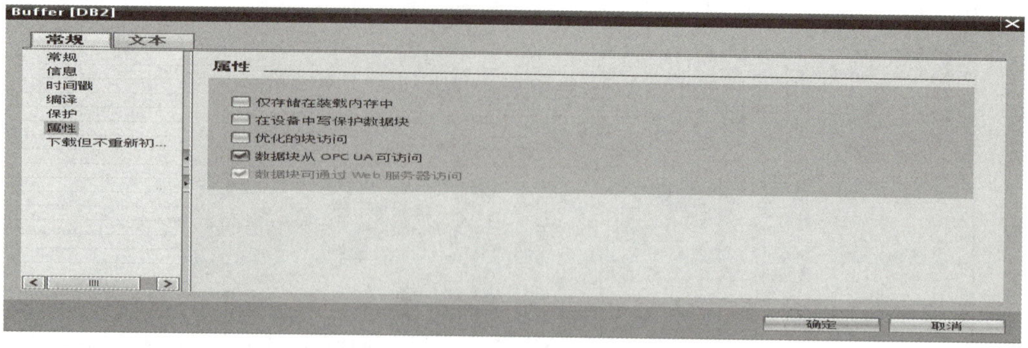

图 8-26　可访问数据块属性设置

2)添加服务器接口

依次单击“OPC UA 通信”→“新增服务器接口”选项，可新增服务器接口，如图 8-27 所示。

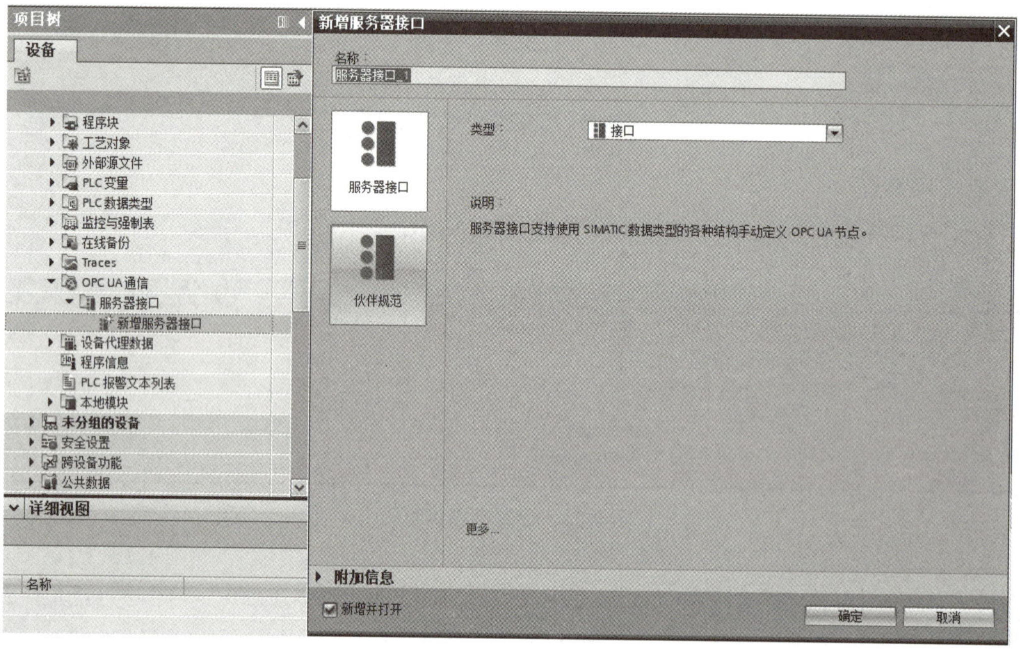

图 8-27　新增服务器接口

3)服务器接口添加可访问元素

新增并打开服务器接口后，将需读写的数据从可访问“OPC UA 元素”中使用鼠标拖曳到“OPC UA 服务器接口”，如图 8-28 所示。

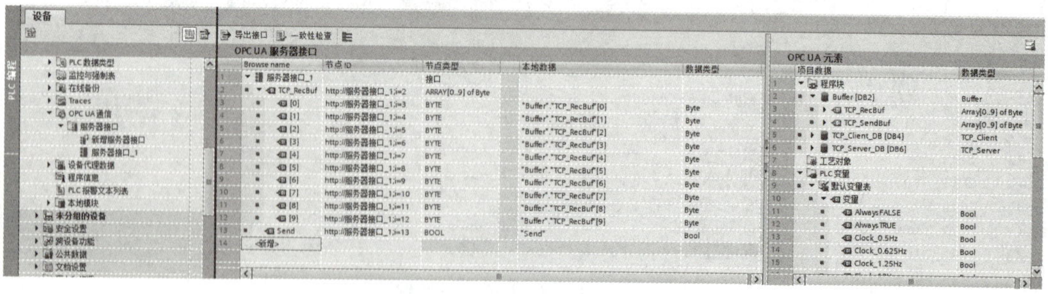

图 8-28　添加服务器接口元素

在“OPC UA 服务器接口”中查看已添加元素的节点 ID，若该列未显示，使用鼠标右键选择任意列名称后，在“显示/隐藏”菜单栏中勾选“节点 ID”选项，以显示客户端访问地址。

S7-1200 PLC 的 OPC UA 支持的数据类型见表 8-9，其中服务器接口不支持结构化数据类型、数组以及联合，但可在服务器接口中添加数组以单个元素方式访问本地数组中的元素。

表 8-9　OPC UA 支持的数据类型

SIMATIC 类型	OPC UA 类型	SIMATIC 类型	OPC UA 类型
Bool	Boolean	UDInt	UInt32
SInt	SByte	Real	浮点形
USInt	Byte	LReal	双精度浮点型
Int	Int16	WSTring	字符串
UInt	UInt16	DWord	StatusCode
DInt	Lnt32		

4.OPC 客户端设置与调试

1)建立客户端通道

PC 端使用 KEPServerEX 创建客户端辅助调试通道，如图 8-29 所示。打开软件后依次单击“连接性”→“单击添加通道”选项，以向导方式设置通道类型为“OPC UA Client”。然后自定义通道名称，如图 8-30 所示；并使用默认参数设置写操作，如图 8-31 所示。

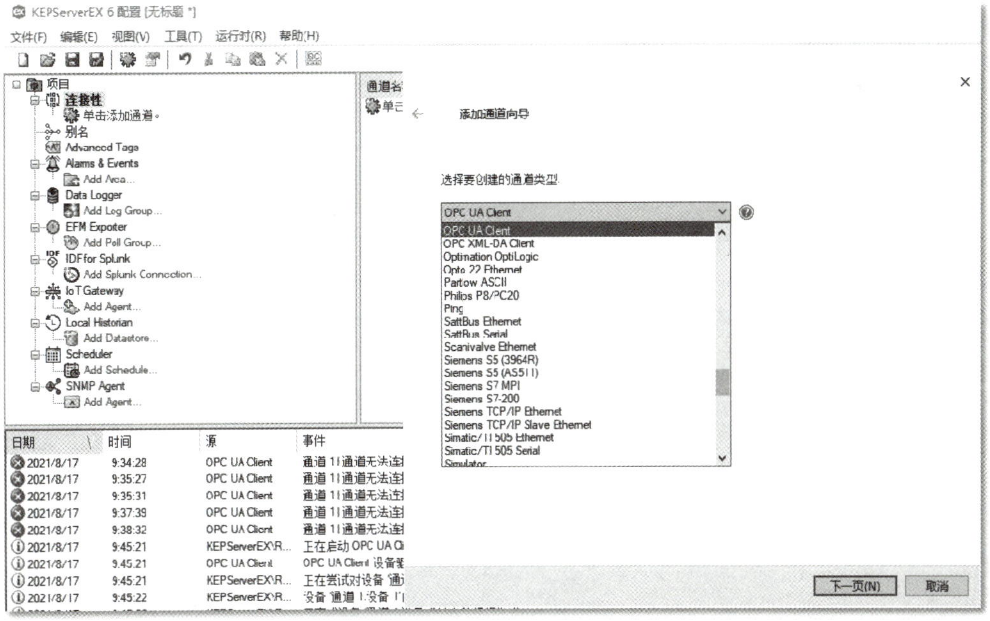

图 8-29　创建客户端通道

8-30　自定义通道名称

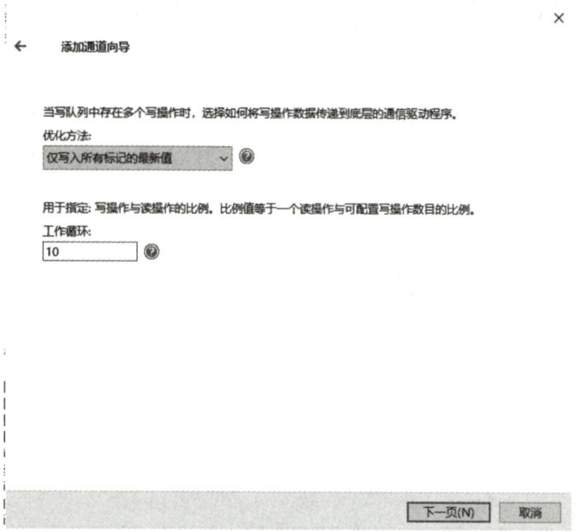

图 8-31　设置写操作

为保证可靠连接服务器，设置端点 URL 时建议勾选“使用发现 URL”，以该方式设置 OPC UA 服务器地址，并采用与 PLC OPC UA 服务器相同的安全策略，例如若 KEPServerEX 列表中未显示“Basic-256Sha256”，则只能选择“None-None”等已列出的安全策略，如图 8-32 所示。通道连接参数使用系统默认值即可，如图 8-33 所示。由于 PLC OPC UA 中开启访客模式，故用户名及密码设置为空，如图 8-34 所示。

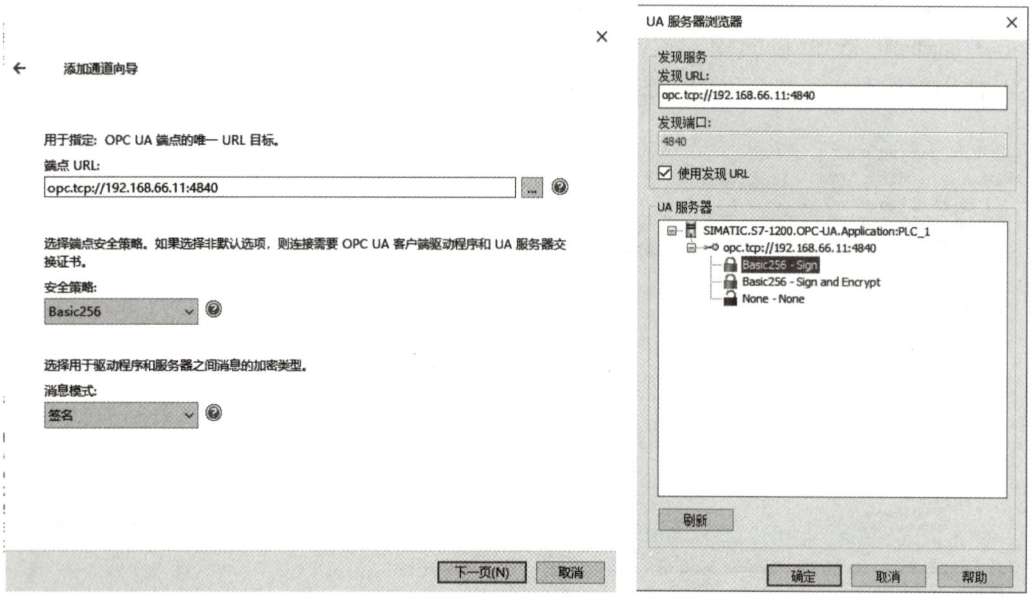

图 8-32　设置 URL 及安全策略

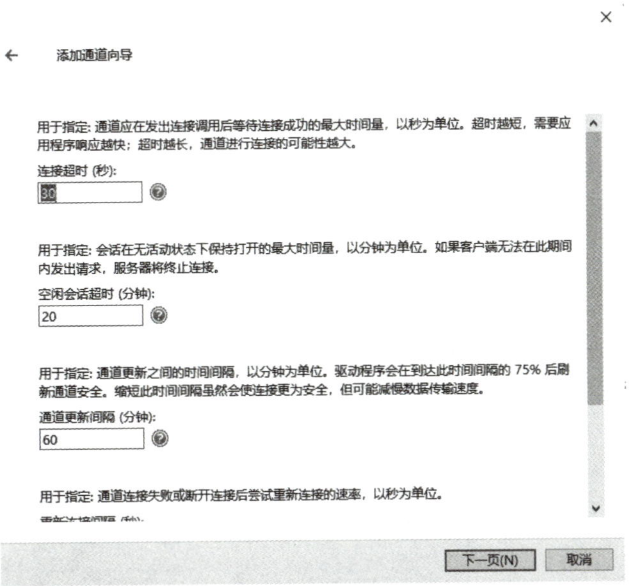
添加通道向导
用于指定: 通道应在发出连接调用后等待连接成功的最大时间量，以秒为单位。超时越短，需要应用程序响应越快；超时越长，通道进行连接的可能性越大。
连接超时 (秒):
30
用于指定: 会话在无活动状态下保持打开的最大时间量，以分钟为单位。如果客户端无法在此期间内发出请求，服务器将终止连接。
空闲会话超时 (分钟):
20
用于指定: 通道更新之间的时间间隔，以分钟为单位。驱动程序会在到达此时间间隔的 75% 后刷新通道安全。缩短此时间间隔虽然会使连接更为安全，但可能减慢数据传输速度。
通道更新间隔 (分钟):
60
用于指定: 通道连接失败或断开连接后尝试重新连接的速率，以秒为单位。
下一页(N)
取消

图 8-33　通道连接参数

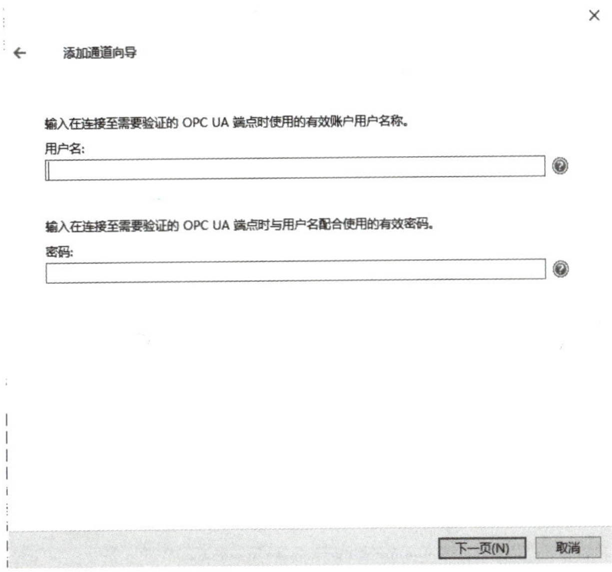
添加通道向导
输入在连接至需要验证的 OPC UA 端点时使用的有效账户用户名称。
用户名:
输入在连接至需要验证的 OPC UA 端点时与用户名配合使用的有效密码。
密码:
下一页(N)
取消

图 8-34　用户及密码设置

在通道设置一览表界面中确认无误后，单击“完成”，完成通道创建，如图 8-35 所示。

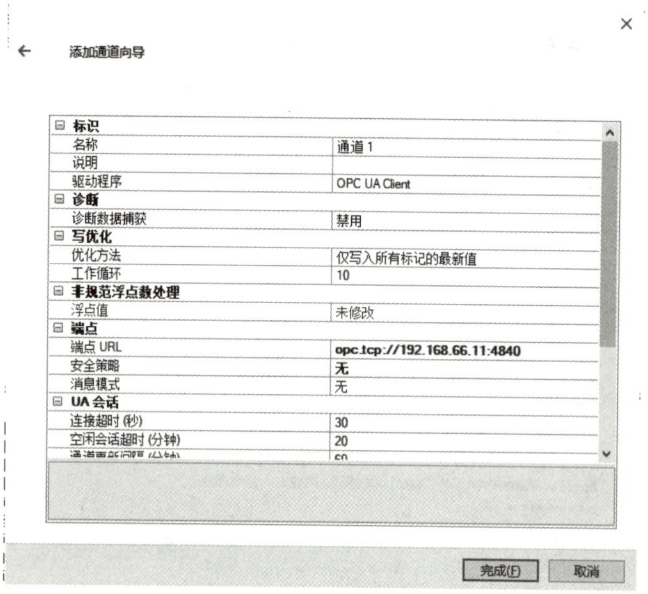

图 8-35　通道设置一览表

2)添加设备

添加设备时,建议将软件连接 OPC UA 后再添加设备,以实现自动生成标记。如图 8-36 所示,单击“单击添加设备”选项后,打开添加设备向导界面。

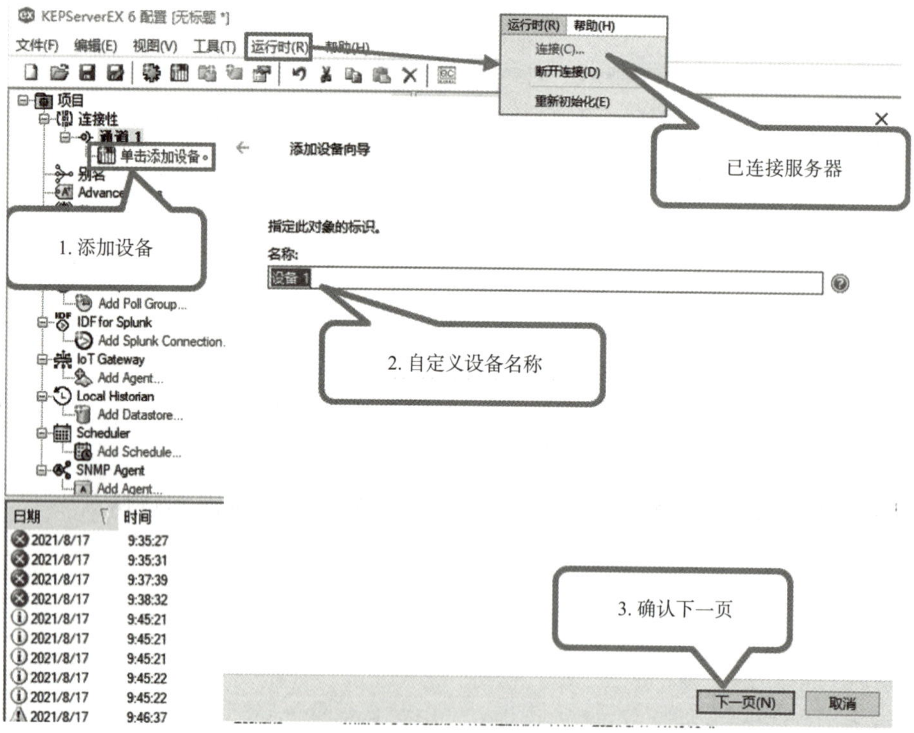

图 8-36　添加设备

添加设备过程中均采用默认值,可一直单击“下一页”直到显示如图 8-37 所示页面,再单击“选择导入项”以导入服务器端的节点。

按照如图 8-38 所示方式导入服务器在“服务器接口_1”中已定义的节点,导入完毕后单击“确定”直至完成设备添加。设备添加完毕后如图 8-39 所示。

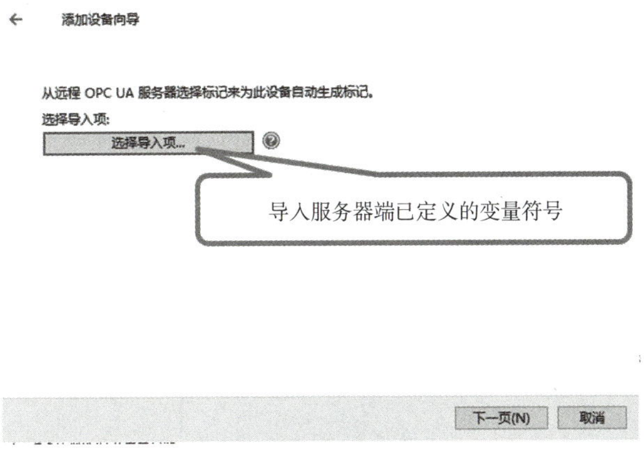

图 8-37　选择导入项

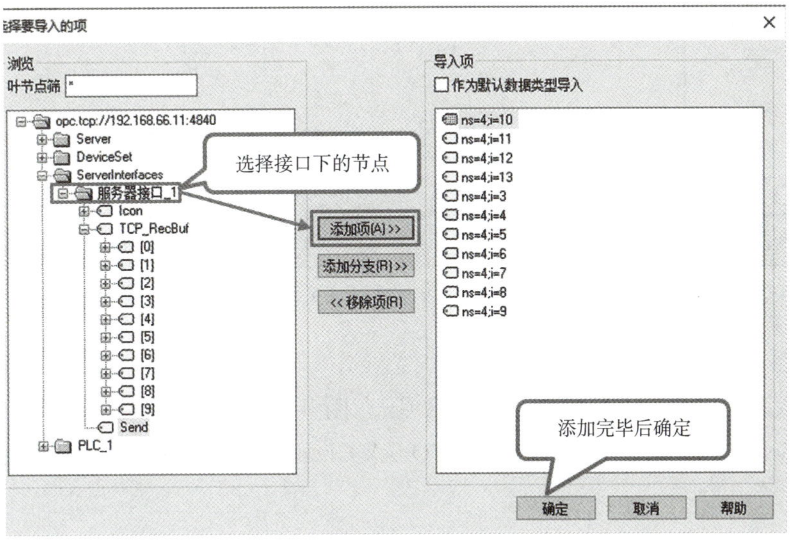

图 8-38　导入节点

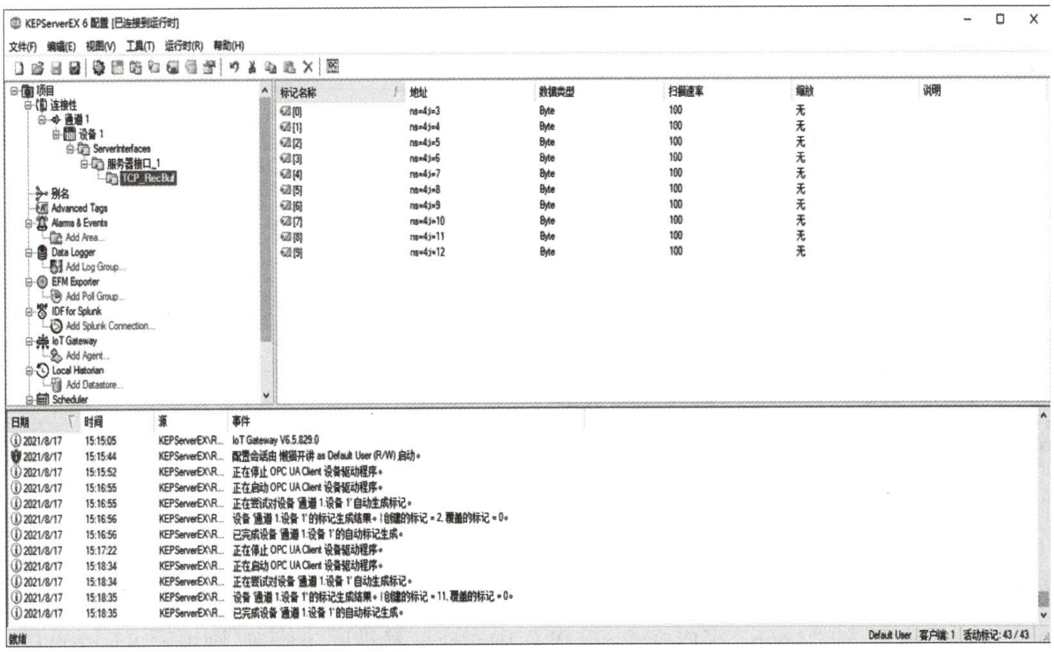

图 8-39　设备添加完毕后的全部节点

若添加设备时未添加访问节点，也可在添加设备后双击所添加设备名称进入属性设置，在如图 8-40 所示界面添加节点。

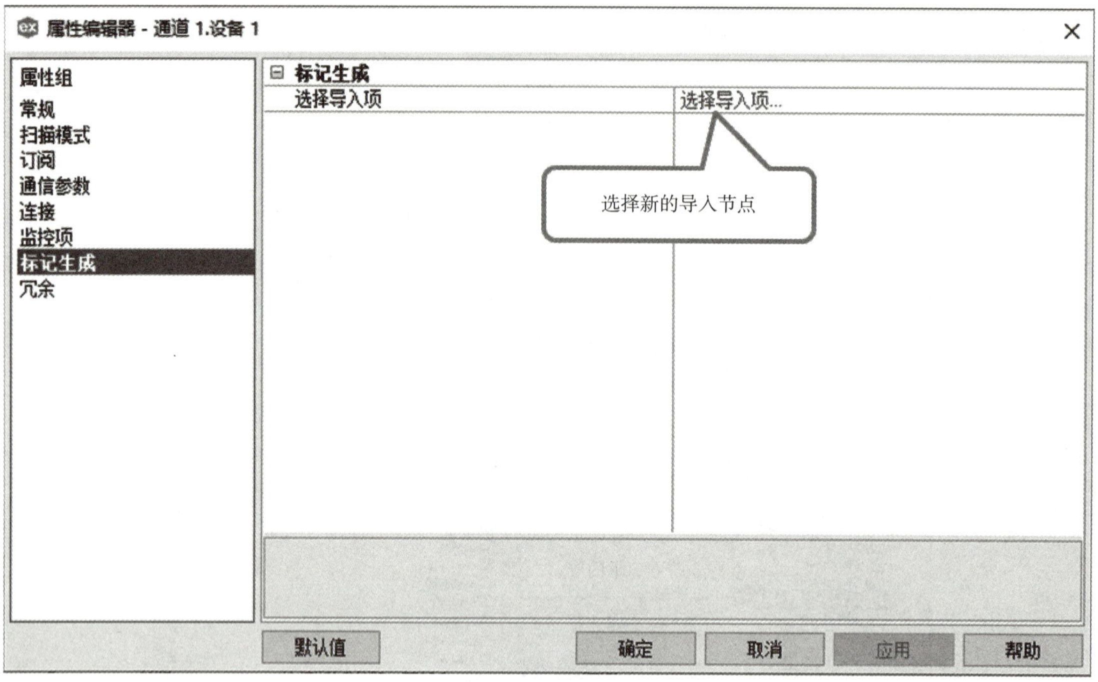

图 8-40　设备属性导入节点

3)OPC UA 服务器读写测试

节点添加完毕后，依次单击工具栏“运行时(R)”→“断开连接(D)”→“连接(C)”选项进行重新连接，连接成功后选择“ServerInterfaces”文件夹，单击“Quick Client”图标以查看或修改服务器中的变量，如图 8-41 所示。

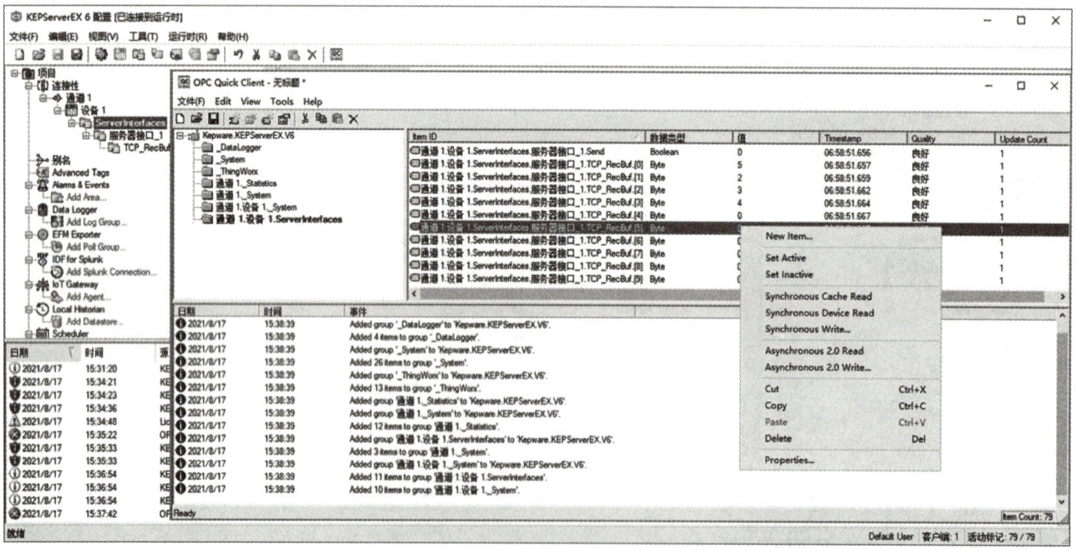

图 8-41　查看或修改服务器变量

在“Quick Client”窗口下单击服务器可查看已添加到设备中的节点值，若需修改变量值，可使用鼠标右键单击修改对象，然后选择“Synchronous 2.0 Write”选项进入如图 8-42 所示界面，在“写入值”中填写修改的变量值后，单击“确定”或“Apply”完成修改，若 PLC 中对应变量被同步修改，则说明 S7-1200 OPC UA 服务器配置正确。

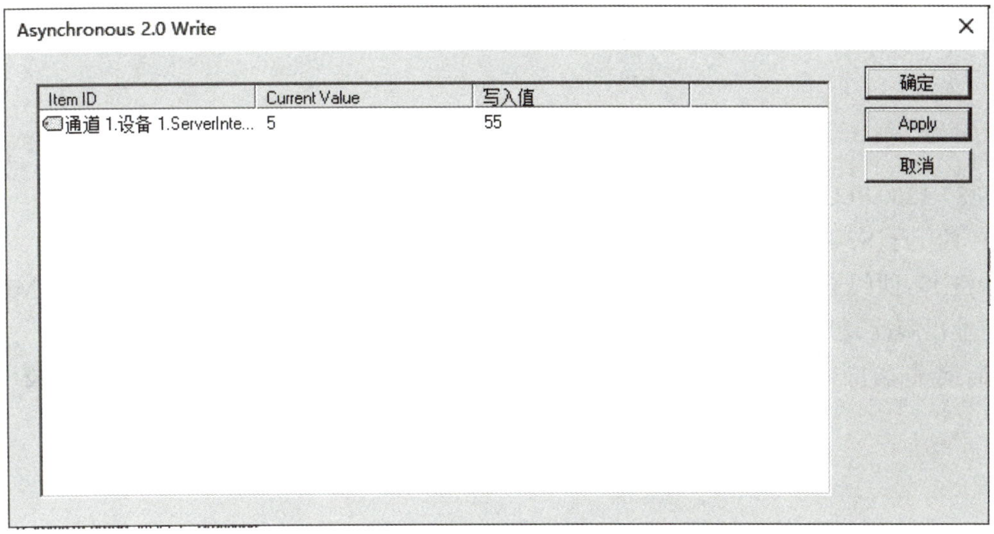

图 8-42　修改变量值

任务拓展

Modbus 通信协议在工业控制中得到了广泛应用，许多工控产品都有 Modbus 通信功能。请同学们以 S7-1500 系列 PLC 作为服务器，S7-1200 系列 PLC 作为客户机，通过 Modbus TCP 通信协议实现数据互传。要求将服务器发送数据块 DB1 中的 20 个字节单元的数据发送到客户机接收数据块 DB1 中，同时服务器的 MW10-MW15 接收来自客户机发送的 MW20-MW25 中的 6 个字单元的数据。

复习思考题

完成两台 S7-1200 PLC 的通信：将 PLC_1 的发送数据块 DB1 中 100 个字节单元的数据发送到 PLC_2 的接收数据块 DB1 中，同时 PLC_1 的接收数据块 DB2 接收来自 PLC_2 的发送数据块 DB2 中的 100 个字节单元的数据。

（1）用开放式用户通信指令中的 TSEND、TRCV 指令实现。

（2）用 S7 通信方式实现。

参考文献

[1] 廖常初.S7-1200 PLC 编程及应用[M].4 版. 北京：机械工业出版社，2021.

[2] 吴繁红. 西门子 S7-1200 PLC 应用技术项目教程[M].2 版. 北京：电子工业出版社，2021.

[3] 侍寿永,王玲. 西门子 PLC、变频器与触摸屏技术及综合应用(S7-1200、G120、KTP 系列 HMI)[M]. 北京：机械工业出版社，2023.

[4] 过志强，周斌，蒋庆斌. 可编程控制器系统应用编程(中级)[M]. 北京：机械工业出版社，2022.